# 夢は
# ボトルの
# 中に

## 「世界一正直な紅茶」のスタートアップ物語

セス・ゴールドマン
バリー・ネイルバフ
イラスト サンギョン・チョイ
関美和 訳

英治出版

Mission in a Bottle

The Honest Guide to Doing Business
Differently—and Succeeding

by Seth Goldman & Barry Nalebuff
Illustrated by Sungyoon Choi


Japanese translation rights arranged with
Writers House LLC
through Japan UNI Agency, Inc., Tokyo

オネストティーの
過去と現在のすべての社員、
夢を叶えてくれた
スーパーヒーローたちへ

# Those who say it cannot be done should not interrupt the people doing it.

-Chinese proverb

**無理だと言う人は、それを実現しようとする人の邪魔をするな**
**——中国のことわざ**

（オネストティー本社の玄関にこの言葉を掲げている）

僕たちは喉がカラカラだった。でも飲みたいものがなかった。そこで、本物のお茶が味わえるボトル入りアイスティーを製造する会社を創った。世の中にこれだけ飲料会社がひしめいているのに？ はなから失敗は目に見えていると思われるかもしれない。大学教授と元教え子のコンビには、飲料業界の経験なんてこれっぽっちもない。そんなにいいアイデアなら、だれかがまだやっていないのはどうしてなんだ？ そして僕らは何度もつまずきながら、最後には成功できた。なにも知らなかったのに。いや、なにも知らなかったから。

僕たちは自分の勘を信じた。一度ならず、何度も。セスは世界を変えようと非営利と政府の仕事についていた。そのうちに、ビジネスがより大きな変化の媒体となることに気づいた。成功のために理想を諦める必要などないことに。

もちろん、ビジネスが失敗したら、世の中になんのインパクトも与えられない。そこで、僕たちが経験した成功と過ちを皆さんと共有するために、この本を書くことにした。

起業するなら覚悟してほしい。僕らは数えきれないほどの拒絶に遭い、眠れぬ夜を過ごし、ありったけの貯金をはたき、セスはあやうく死にかけた。この本はブランド構築の物語だが、人生の思いがけない障害についてのストーリーでもある。家庭と起業を両立させようとすれば避けられない私的な悩みについても書くつもりだ。

僕たちが生き残ることができたのは、ひとつには大きな方向性が間違っていなかったからだ。それは偶然じゃない。この本でもイェール大学経営大学院で教えるバリーのMBAの授業に触れ、経済原則が僕らの意思決定にどう役立ったかを描いている。

生き残れたもうひとつの理由は、情熱があったことだ。信じる使命を実現するために起業すれば、特にそれが人々の生活をよりよくするものなら、当然その仕事に熱が入る。僕たちは市場のどこにもない飲料を作りたかった。妥協を強いられた時でも、その信念を曲げなかった。

飲料に複雑なテクノロジーはいらない。僕たちには最先端のコンピュータも、ガレージさえも必要なかった。やかんと調理台があれば十分だった。ボトル入り紅茶ビジネスは技術面では単純だが、資金調達と組織づくりは大変なことだった。

新しいビジネス書なんてこれ以上必要ないって？ じゃあ新しい飲み物は必要なかったのだろうか？ この本を書いたのは、オネストティーを創ったのと同じ理由だ。僕たちが起業する前に読んでおけばよかったと思うものを書きたかったんだ。

これをよくある「私はこうやって成功しました」みたいな本だとは思ってほしくない。セスは３人の息子たちに絵本を読んでいるうちに、コミック本の良さに気がついた。ストーリーが生き生きと伝わるように、僕たちはこの本をコミック形式にすることにした。読者の皆さんに僕たちと一緒に旅をしてもらい、面白い人たちに出会い、あまり深刻にならずに楽しんでもらいたかった。

僕たちはここでも自分たちの勘を信じることにした。もちろん、自分たちに絵がかけるわけじゃない。才能あるイラストレーターのサンギョン・チョイが素晴らしい仕事をしてくれた。『アメリカン・ウィドウ』という作品を見た僕たちが、彼女にお願いしてこのコラボレーションが実現した。

Seth + Barry

# I　スタートアップ　1997-1999

1. セントラルパークでランニング
1997年 ニューヨーク
プレゼンテーション
良かったよ
ジェームズ
仕事が終わったから
走りに行かないか？
投資の仕事は
どうだい？
なんとかやってるよ
ストレス溜まるけど
ファンドマネジャーは
損をしたら終わりだから
やあ
どうした？
あいさつさ
ニューヨークじゃ
やらないぜ

暑いな！
なんか飲もう
いろいろあるけど
どれもイマイチ…
甘すぎるか
人工保存料入りばかりだ
何種類か
混ぜて飲むか
どんな仕事が
したいんだい？
世の中に影響を
与えられるようなこと
興奮できること
生きていると
感じられることかな
HMM
…

バリー　むかし授業で議論した
甘さ控えめ飲料のアイデア
あれどうなった？
TAP
TAP

健康志向の飲料会社を始めたいんだ
「ポジティブ・ジュース」なんてブランド どう思う？

久しぶりだなセス　授業の時はオレンジジュース
と炭酸を混ぜるアイデアに終始してたね
TAP TAP TAP

この前インドに行って
タタの飲料事業のケースを書いたんだ

これまで飲んでいた紅茶が
どんなにマズかったかに気づいたよ
うまい！
おいくら
ですか？
1キロ1000
ルピーです

そこでスターバックスの
紅茶版をひらめいた

$$$$
$$$$
5¢
1杯5セントの
世界一安い
贅沢品だ

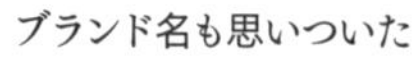

「登録申請された商標は
『ネスティー』の
侵害にあたります」

サースティー
ピューリティー
バイタリティーとか？

じゃあ
2語に分けて
オネストティー
でどうだ？

## 2. 市場の空白地帯

3年前(イェール大学経営大学院)
今日の授業は
飲料業界についてだ
市場の空白地帯は
どこだろう?
空白はないようですが…
市場は効率的だし
消費者の需要は
満たされているのでは?
じゃあ
今ある飲料は?
ジンジャー
エール
コーラ
レモネード
オレンジ
グレープ
セロリ系
フレーバーは
そんなところかな
カフェインの分類は?
ゼロ
カフェイン
レギュラー
活力系　砂糖と
カフェイン2倍
HMPF
レッドブル
炭酸はどうだ?
ガス入り
ガス無し
微炭酸
パッケージは?
ガラス瓶　ペットボトル　缶
カートン　10オンス　12オンス
20オンス　1リットル
2リットル　いろいろある
そんなところかな
じゃあ
無いものは?
セス?
甘さの
違う飲料
続けて

0キロカロリーと
140キロカロリーの
中間がない
0 cal
140 cal
フルカロリーか
ダイエットかで
いいのでは？
中途半端は
求めてない
僕は違う…どれも甘すぎる
クランベリージュースを
炭酸で割って飲んでる
私も

20から50キロカロリー
くらいの飲み物がいい人は？
そうか
3分の1くらい

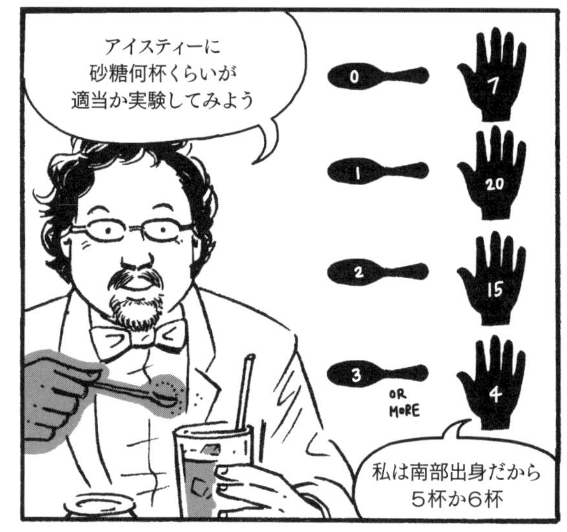
アイスティーに
砂糖何杯くらいが
適当か実験してみよう
0
7
1
20
2
15
3
OR MORE
4
私は南部出身だから
5杯か6杯

ほとんどの学生は2杯以下だな
市販のアイスティーは
どのくらい入っているだろう？

ONE... TWO... THREE... FOUR... FIVE...
まだまだ
SIX... SEVEN... EIGHT...
まだまだ
NINE... TEN... ELEVEN?

WHO（世界保健機構）
1日に10杯未満が
健康の目安
500ミリボトルだと
12杯だ！

普通なら12杯も砂糖を入れない
なぜ自家製の紅茶のような
飲料がないのだろう？
経済学の基本
限界効用逓減(ていげん)の原理だ
苦味が
なくなる
少し
甘くなる
それ以上は
効果が
減りはじめる
1st tsp
2nd tsp
3rd tsp
more tsps
限界効用の逓減はどこにでもある
1足目は
足の保護
のため
2足目は
仕事用
3足目は
スニーカー
そして
高級パンプス
つまり高級パンプスまでくると
あまり喜べなくなるってことだな
靴の場合は
違うわよ！
靴はともかく
甘さについては
そうだな
本来なら2杯分が
適当なはずだ
飲料会社はどうして
そうしないんでしょう？
いい質問だ
わからないな　考えてみて
次の授業で議論しよう

## 3. 全力投球

セスはすぐにニューヘイブンに向かい
レシピの試飲会と意見交換会を開いた
I LIKE THIS ONE!
色が素敵ね
アイスはだめね
本格的な味だわ
ちょっと
本格すぎるかも
WHERE'S THE BATHROOM?
INDIAN CHAI
ROTE GRÜTZE
JASMINE
ASSAM
HOJICHA
もし本当に起業するなら
お互いその理由を
はっきりさせないと
僕はゼロから
なにかを創りたい
それに
「健康」「起業」「環境」
に関心がある
私は良質の飲料が欲しいね
あと自分の理論を証明したい
コンサルティングの仕事で
クライアントを説得
できないこともあったから
うちの商売をわかった
気になってもらっちゃ困る
そんなアイデアは通用せんよ
でも…
ヘンリー・ルイス・
メンケンは間違って
いたと証明したい
「一般大衆をバカにしても
破産などしない」

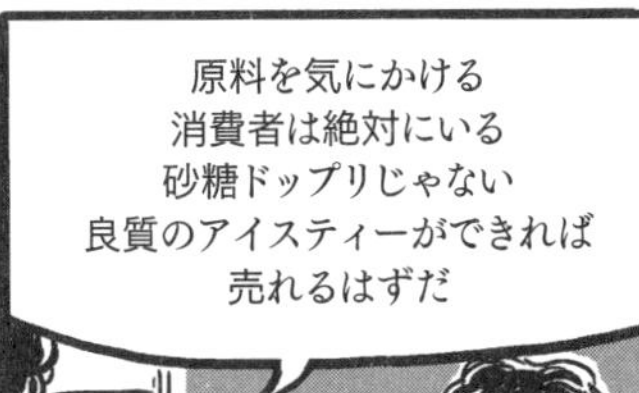
原料を気にかける
消費者は絶対にいる
砂糖ドップリじゃない
良質のアイスティーができれば
売れるはずだ

それから社会的責任を
果たすビジネスにしたい

はは　私は社会的に
無責任な会社がいいが

冗談に
なって
ませんよ

僕たちの価値観を
反映する企業使命がないと
完全じゃなくても
努力はしましょう

わかってるさ
賛成
紅茶は健康にもいいから
社会のためにもなる
それが社会的責任だ

その通り
先生はイェールで
フルタイムの仕事があるから
僕がCEOいや
ティーEOになりますよ
先生は会長
そうしよう　私の仕事は
君の成功を助けることだ

CEOは資金集めが大変で
本業に集中
できないことが多い

私が資金集めを担当しよう
なんなら悪役にもなるぞ

先生にぴったりだ！

時間軸は？
成功の定義は？
期間はわからないけれど
変革を象徴する
全国ブランドを
作りたいですね
Stonyfield
Organic
私も小さなことには
興味がないね
BIG
BIG
BIG
じゃあ今の会社の社長に
辞めるって言わなくちゃ
本当にうまくいくと思います？
僕たちの紅茶を買って
くれる人がいますかね？
熱湯に茶葉を
入れるだけだろう？
自家製レシピを
1万倍にするだけだ
言うは易しですよ
先生は仕事を辞める
わけじゃないから
資金が
集まりますか？
今の会社に
一時休暇を申し出たら？
君は期待の星だろ？
許してくれるさ
それじゃ励ましに
なりませんね

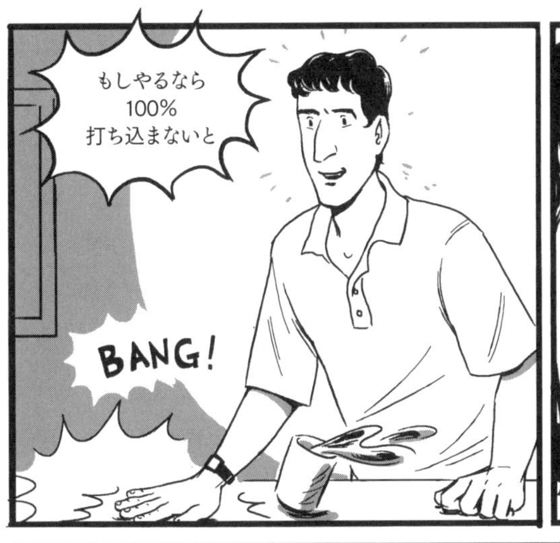
もしやるなら
100%
打ち込まないと
BANG!

自分が全力で懸けてないものに
投資してくれと言えないでしょう
自分だけ安全ってわけにいきません

わかったセス
任せてくれ
ひと肌脱ごう
私もやりますよ
でも今すぐはだめ

え？
なんでだ？

お茶を
飲み過ぎました！
トイレ！
AHHH!

## 4. 1週目

1998年2月2日
セスは自宅を
会社として登録し
QuickBooks
Accounting
Payroll
経理ソフトをインストールした
1日目
UNITED STA
POSTAL SERVIC
私書箱を借りたいんですが
BETHESDA, MD 20814
2日目
カードゲームをデリートしますか？
CONFIRM
CANCEL
CLICK!
オネストティー史上もっとも重要なクリック

3日目

ビジネスプラン
オネストティーは、新鮮で甘さを抑えた本物のボトル入り紅茶をお届けします。上質で健康で自然な紅茶を目指します。我々は顧客、従業員、サプライヤー、ステークホルダーと、この紅茶のように健康で誠実な関係を築くことを目標とします。

4日目
何十本もデザインを見たんだが
zuckerman Honickman
ガラスボトル供給元とのミーティング
これがぴったりだ
四角の美しい瓶は珍しいですよ 金型が2つ要ります ひとつ9万ドルです
だから四角のボトルはないんだな…
金型なしだとどんな種類がありますか？

5日目
Rio Grande
mexican cuisine
起業だって??!
セスはホールフーズ(全米最大手の自然食品チェーン)で働くイェールの同窓生と昼食をとった
ボトル紅茶を作りたいんだ
ちょっと飲んでみて　ゴールドラッシュっていうフレーバーだ　シナモンティーにスプーン半杯の砂糖を入れてる

本当に会社辞めたのか？ひとりでやるのかい？
TASTES GREAT!

いや　イェールでバリー・ネイルバフの授業とった？

もちろんさ　初日にいきなり指されたよ　彼の生徒とやるの？
バリーが共同創業者なんだ

マジか？すごい変人だろ
そうそう　イェールの教授になった経緯を聞いたかい？

1985年
ハーバード・ビジネススクール教授会

見事な経歴だ　MIT　ローズ奨学生　オックスフォード博士号　現在はハーバードのジュニアフェロー
だがビジネスには詳しいのか？実務経験は？

中国でフォーチュン
クッキーを売ろうと
考えたことはあります

投資銀行とか
コンサルティングとか
いう意味なんだが…

フォーチュンクッキーは
アメリカの発明なんですよ
第二次世界大戦中に日本のおみくじを
アメリカの中華料理店が
クッキーに入れたんです

これは？
アメリカの
お菓子
CRACK
「賢者は数多くの
質問から生まれる」
中国には格言を
受け入れる文化がある
フォーチュンクッキーを
中国に広めた人物になりたい
next stop...
その次は
エスキモーに
氷を売るとか
頭はいい
かもしらんが
ビジネスのことは
全くわかって
ないな
変わり者すぎる
BLAH
BLAH
そんなわけで
ハーバードでは不採用だった
フォーチュンクッキー
は悪くないアイデア
じゃないか
バイヤーを紹介
してもらえないかい？
元バイヤーを紹介するよ
助けてくれるかも

## 5. 2週目と3週目

商品名、ボトル、レシピが決まった
だが資金調達、営業、ラベルのデザインが残っていた

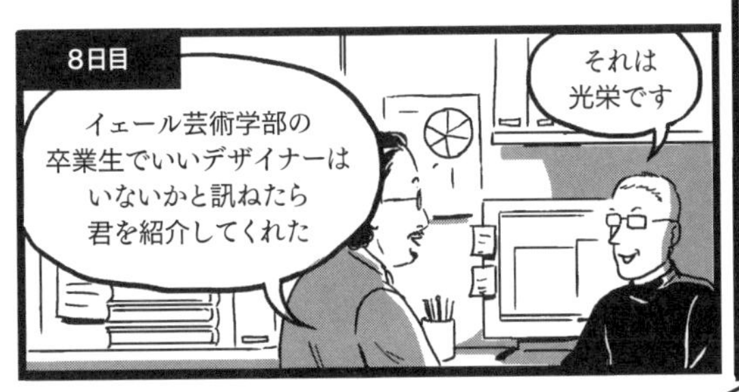

8日目
イェール芸術学部の
卒業生でいいデザイナーは
いないかと訊ねたら
君を紹介してくれた
それは
光栄です


新鮮で甘さ控えめの
ボトル入りアイスティーなんだ

それを伝えるような
ラベルを作ってほしい
私たちに隠し事はないから
信用してくれ

オネストティーか
他社は不正直
ってことですか？

SIP

I LIKE THIS TEA!

消費者はバカにされてる
健康志向と銘打った
砂糖水を買わされてるんだ
こちらはニセモノなんかじゃなく
本物の自然飲料だってことを伝えたい

FIGHTS CANCER
LIVE LONGER!
IMPROVES MEMORY
BETTER SEX

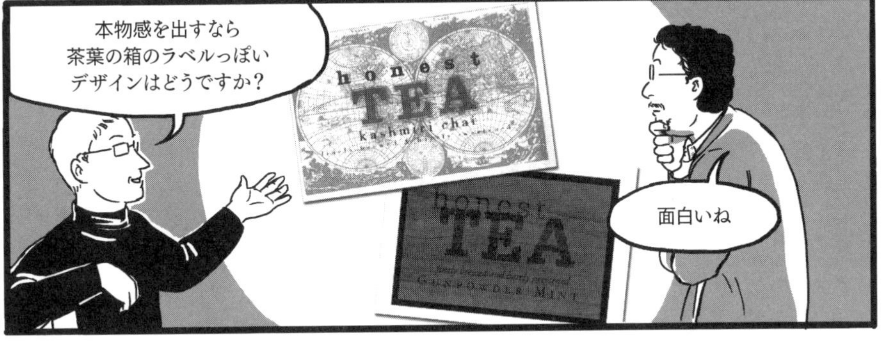

本物感を出すなら
茶葉の箱のラベルっぽい
デザインはどうですか？
honest TEA
kashmiri chai
honest TEA
GUNPOWDER MINT
面白いね


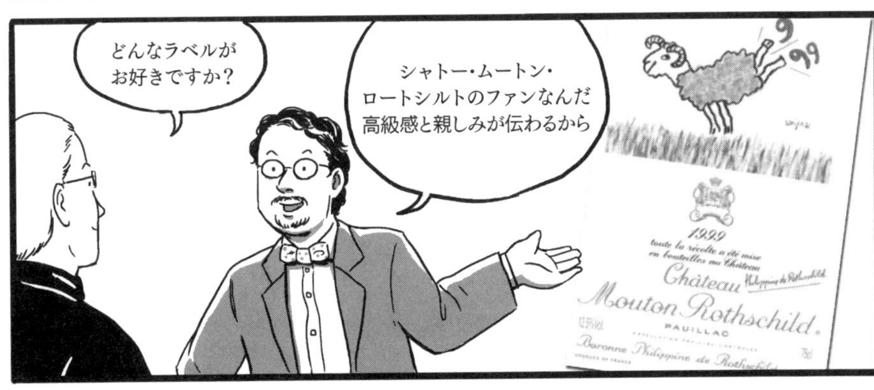

どんなラベルが
お好きですか？
シャトー・ムートン・
ロートシルトのファンなんだ
高級感と親しみが伝わるから
1999
toute la récolte a été mise
en bouteilles au Château
Château
Mouton Rothschild
PAUILLAC
Baronne Philippine de Rothschild

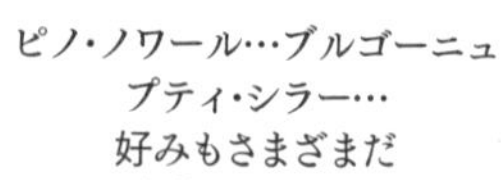

お茶の場合
今は紅茶と緑茶の
２種類くらいですね

その通り　アッサム　烏龍
ダージリン　玄米　ガンパウダー
なんてだれも知らない

GREEN
BLACK

紅茶ファンだけが
対象じゃないん
ですね

お手頃価格で
本物の味を届けたい

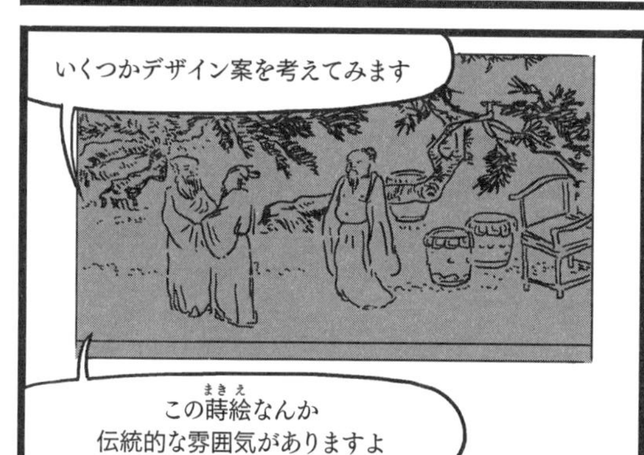

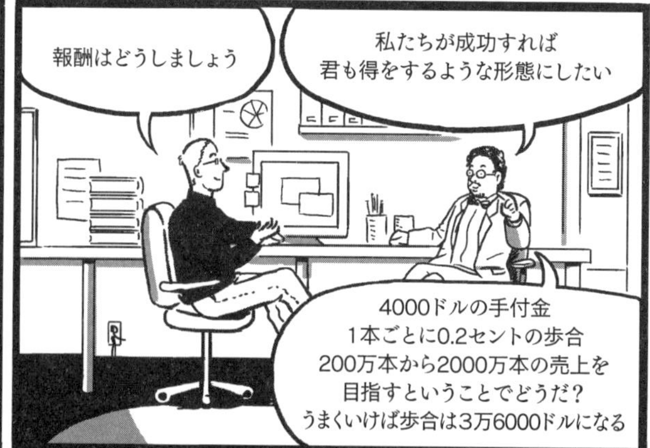

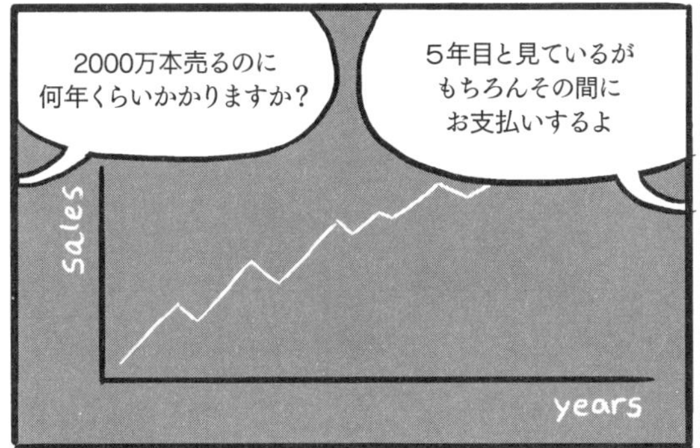
2000万本売るのに
何年くらいかかりますか？
5年目と見ているが
もちろんその間に
お支払いするよ
sales
years

わかりました
懸けてみますよ
来週アイデアを
お持ちします

15日目

黒いキャップにしました
目立ちますしワインキャップ
のようにも見えます

ラベルもワイン風に
前と後ろを分けました
すると中身も見えます

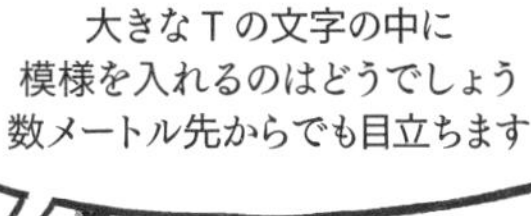
大きなＴの文字の中に
模様を入れるのはどうでしょう
数メートル先からでも目立ちます

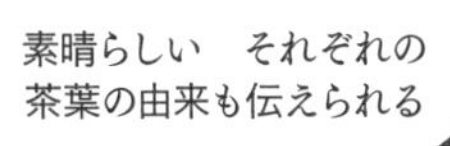
素晴らしい　それぞれの
茶葉の由来も伝えられる

インドから持ち帰った
この絵を使えるかな？
もちろん

HONEST TEA
FRESHLY BREWED & BARELY SWEETENED
T
KASHMIRI CHAI
[SPICED INDIAN BLACK TEA]
16 FLUID OUNCES (1 PINT) 473ML

ラベルができあがった
次はフレーバー選びの市場調査に入った

19日目
ほうじ茶を
試飲するところだよ
マジで
これ飲むの？
はいそうです
水みたい
水の方がまし
もっと大衆寄りにした
方がいいようですね

21日目
ホールフーズのバイヤーと
アポが取れました！
2月27日10時です
サンプル作りを
手伝ってもらえますか？
もちろん

# 6. サンプル作り

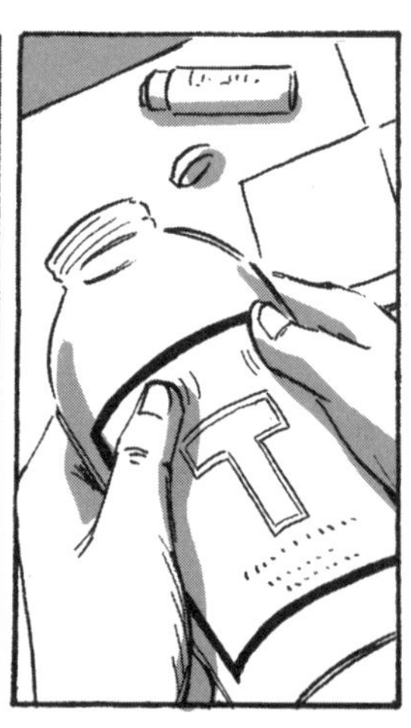

エリー　ジュリー
大丈夫！　あとで
掃除しとくから
パパ！

セス
ちょっと話せる？

エリーが大動脈血栓ですって

1カ月以内に
大手術が必要だそうよ
僕が
ついてるよ

26日目
朝5時

その朝遅く
味見してみよう

車の中で冷やすつもりが
保温ポットが効いて
まだアツアツだ
アイスティー
にはならないね

バイヤーが
気に入ってくれる
といいが
大丈夫
ホールフーズのお客様向けに
開発したんですから

ホールフーズのバイヤーの部屋
オネストティーは
本物の茶葉の風味が
生きています

ラベルにはお茶の由来が
TEA
BREWED & BARELY SWEETENED

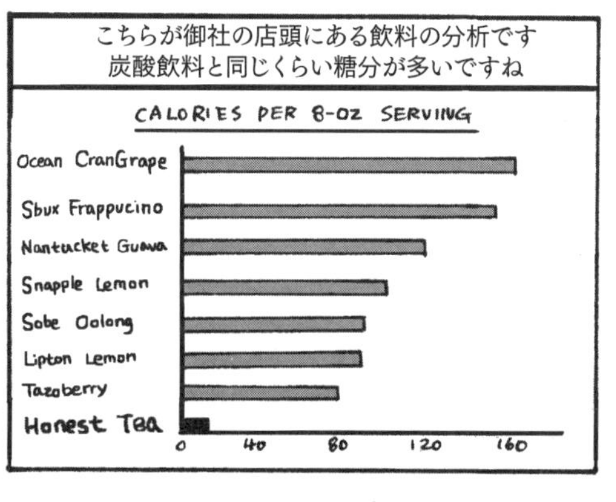
こちらが御社の店頭にある飲料の分析です
炭酸飲料と同じくらい糖分が多いですね
CALORIES PER 8-OZ SERVING
Ocean CranGrape
Sbux Frappucino
Nantucket Guava
Snapple Lemon
Sobe Oolong
Lipton Lemon
Tazoberry
Honest Tea
0
40
80
120
160

オネストティーは
単なるお茶ではありません
哲学が違うんです
表示に偽りはありません
これまでにない飲料だね
スナップルやアリゾナが
相手だと厳しい競争になる
マーケティング
はどうする？

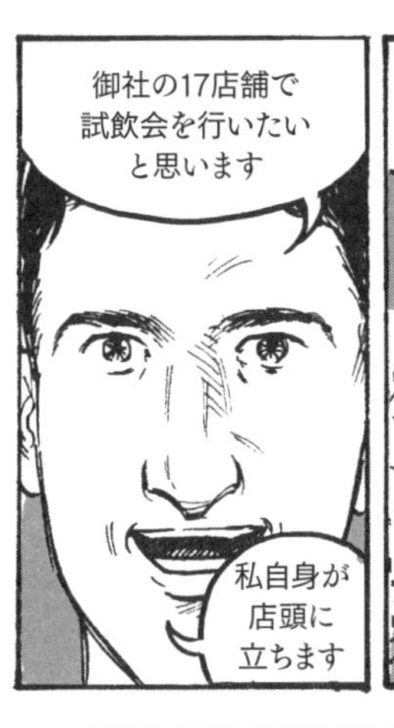
御社の17店舗で
試飲会を行いたい
と思います
私自身が
店頭に
立ちます

それはいいね　各フレーバー
3000本ずつ注文しよう

最初の注文は
サービスにしてほしい
再注文の時には
お支払いするよ
無料
ということ？

申し訳ないのですが
無料にする余裕はないんです
保温ポットも自前ですしボトルは
スナップルのを再利用したもので
保温ポットは
バリーの…
だから自前は
ボトルだけ…
I CAN'T BELIEVE
I'M SAYING THIS!
それなら
例外にしてあげよう

その後
1万5000本の
注文をもらったよ
1万5000本？
すごい
じゃないか！
本当に納品
できるだろうか?!

# 7. 居候ジョージ

そんなわけでなんとか起業できた
あとは生産するのみ
自然食品の会社を何社か起業していた
ジョージ・スカルフが手伝ってくれることになった
HEY THERE!
ジョージ
来てくれて
うれしいよ
ONTARIO
RCJ・78B
BAJA or BUST!
まだホテルを取ってないなら
今夜はうちに
泊まっていかないか？
それはいいね
HI!
HI!
それで…リンゴ農薬の発がん性が
指摘される直前に無農薬の原料を
確保していたんだ

以前は音楽業界にいて
ヒットするかどうかすぐわかった
オネストティーは絶対うまくいくと思う
本当に？

でも飲料業界はいろいろ難しい
競争も激しいしスタートアップを
食い物にする奴らもいる
じゃあなぜまだ
やってるいるの？

辞めようと思った時に
セスから声がかかったんだ
ちょうど旅行に出るところだった
セスに説得されたよ

音楽業界なら
セスはロックスターだな
それって
いいこと？

２週間後
ジョージは嫌い
じゃないけど
一晩だけかと
思ってたわ
う…うん

なんでこんな蜘蛛の巣が
張ってるような地下に
泊まりたいわけ？
赤ちゃんと男の子たちが
走り回ってるような家で
ジョージは
自分探しの途中なんだよ
なにがあったかは知らないけど
立ち直ろうとしてるみたいだ
本屋で自己啓発本を
読んでたし
SELF-HELP

家族が欲しいのかな
そうかも
僕らが癒やしに
なってるのかも

子供たちもなついてるし
あなたの起業を助けてくれるなら
しょうがないわね
HA HA
HA
HA
HA HA
HA
HA
HA

# 8. 突破口

1万5000本のボトルを生産するには1875ガロンの熱湯が必要になる
お茶を２倍の濃さにすれば937ガロンで済む
そして最後に冷水で薄めれば冷却にもなる
132ポンドの茶葉をどうやって煮るんだ？
それにどうやって茶葉を取り出すか？工場はどうする？
セスとジョージは工場探しに出かけた
最初はフレデリック飲料工場に掛け合った
そちらの工場で紅茶を作りたいんですが？
濃縮液のサプライヤーは？
濃縮液は使わずお茶を煮出したいんですが
濃縮液を薄めてボトル詰めならできるが…うちは低温殺菌の設備がないんだ
NY
NH
MA
PA
RI
IN
OH
CT
NJ
DE
VA
MD

バージニアのジャム製造農園
ジャムの瓶詰はできるが飲料のボトリングはできないよ

ペンシルバニアの炭酸飲料工場
うちは炭酸ボトル飲料を作っているが熱湯でお茶を煮出すのは無理だ

煮出しと低温殺菌の設備があるのはジュース工場だけだな

空きがない

新しいブランドは引き受けてないんだ

最低10万本から

甘さ控えめで
酸味もあまり加えずに
水は低PHの自然水を
使いたいんですが
WATER

大丈夫だ
そちらで手配して
もらえるかい

ラベルは前と後ろを
別々にしたいんですが
できますか？

それは無理だな
ぐるりと巻きつける
ラベルしかできない
それと1ケース24本
じゃなくて25本に
したいんだって？

そんなこと
頼みましたっけ？
冗談だよ　ははは
HA HA HA!

とにかくやってみようってさ
来月スタートだ

すごい！

# 9. スパイスガールズ

生産準備がほぼ整った
バッファローの工場に原料が届いた
FAR AWAY SPRINGS
BLACK TEA
SUGAR
MAPLE SYRUP
GREEN TEA
有機サトウキビ、はちみつ、メープルシロップは
注文できたが、カシミール・チャイに使う
スパイスのサプライヤーは見つからなかった
そちらのチャイブレンドを大量にオーダーしたいのですが
どのくらいの量ですか？
10ポンド？
AM6:30
動物園いっぱいぐらい
無理です
あのチャイは
個人的な趣味らしい
暇なときに調合してる
みたいだ
どのくらいの量をオーダーしたいか言ったかい？
大量注文なら
やる気になるかも
無理だって
なら自分たちでブレンドするしかないな
どうやって？
料理なんてせいぜい
目玉焼きくらいなのに
そんな難しいもんじゃないだろう？
チャイの原料は？
最適な調合を試してみよう
CINNAMON
GINGER
CLOVES
PEPPER
ORANGE PEEL...
HMM...
じゃあスパイスの
会社を探そう

マコーミック社ですか？
200ポンドほど
スパイスを注文できますか
オリジナルブレンド用に
DICK'S SPICES
LARRY'S IMPORT
FORTUNE SPICE
DRAGON SPICE
MCCORMICK
販売はトン単位です
バーン・スパイス社に
連絡してみたら？
飲料会社を起業したばかりで
カシミール・チャイ用のスパイスを
調合したいのですが
アン・ウィルダー
バーン・スパイス
ちょうどサイゴンで
買い付けた
シナモンがあるわ
キラキラしてる！
美しい
他になにが必要かしら…スパイス
にはそれぞれ個性があるのよ
相性を見ないとね
生姜 クローブ オレンジピール…
カーダモンは欠かせないですよね
僕が試したレシピはみんな
インパクトがいまひとつで
新鮮なカーダモン
の種を挽いて
みましょう
殻のついた種が
好きなんですが
普通は殻を取ってから
挽くけど殻つきで
やってみましょう
これだ！ 10日で
揃えられますか？
WEEEEE...
もちろんよ

# 10. 優等生

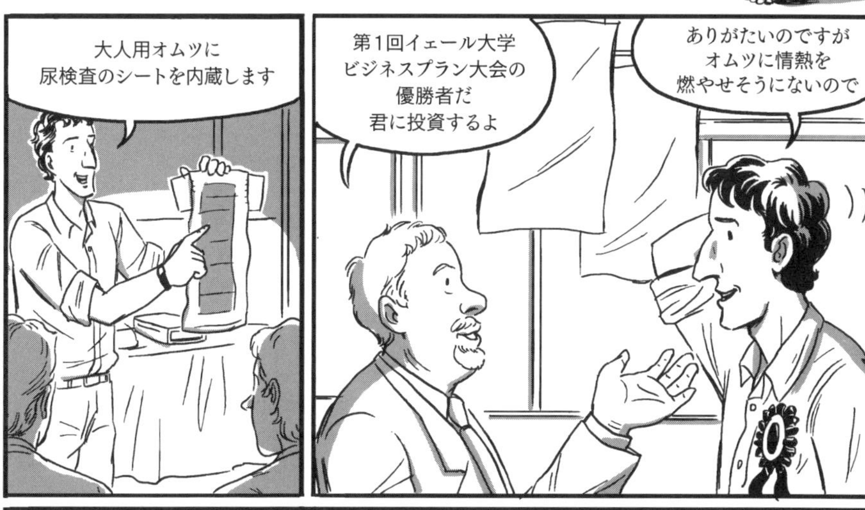


セスがいつか起業することはわかっていた
社会的な使命を持つ事業を見つけられるかどうかが問題だった

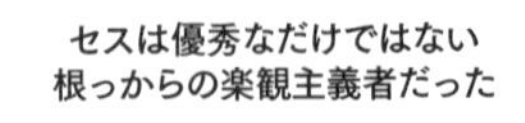
セスは優秀なだけではない
根っからの楽観主義者だった

コップに半分水が
残ってる　僕には
いっぱいに見える

起業家は常に拒絶を
受け入れながら生きている
ゴルフボールは
いりませんか？
マサチューセッツ州ウェルズリー
ネホイデン・ゴルフクラブ

今日は
やめとくよ
さっき林に
打ち込まれた
ばっかりのピカピカ
のボールですよ

未使用同然です
３個で２ドル
レモネードはおまけです

これは私が先週打ち込んだ
ものじゃないか？　金なんか
払う必要があるのか？
ケチケチ
しないで
くださいよ

断られても諦めちゃだめだ
この粘り強さが今も生きている

セスはリスクを恐れず常に全力投球した
ロースクールで
がんばれよ
中国で
がんばれよ
1987年 ハーバード大学卒業

昼間は英語教師として働き
キング牧師はより良い世界を目指して「I have a dream」スピーチを行いました
北京 外交学院

深夜
04:30
あと30分で締め切りだ 趙紫陽が共産党入りした年を調べてくれ
1938年
TAP TAP
ワシントン・ポスト中国支局

1年後
你现在回家吗？
是的，回去做总统工作。之后，我就去俄罗斯教书。
もう帰国かい？
大統領選のスタッフとして働いたあとロシアで教えることにしたんだ

1988年 テキサス州ロングビュー
ジュリア・ファルカスです 石油会社の経営者に民主党のデュカキス候補を売り込む手伝いをお願いします
Dukakis Bentsen
Bentsen
Vice President '88

よくやってくれた！今月一番のイベントだった
ありがとうございます

君はスゴ腕だね 共和党の石油成金によく売り込めたな 最初のイベントとしては上出来だったよ
ありがとう みんな私たちのこと恋人同士だと思ってたわね でもここは私たちに合わないかも

会ったばかりだけど僕と一緒にロシアに行ってくれない？

1989年 モスクワ

中国とロシアのあと、セスはアメリカに戻りアメリコープの活動を率いた
その後イェールの経営大学院に入り、ビジネスへの興味を募らせた
卒業後は投資会社のカルバートに入社した

強い目的意識に支えられたセスは非常に精力的だった
スタートアップは短距離ではなく
マラソンのようなものでスタミナが重要だ

セスとバリーは相性が良かった
2人の個性がお互いを補い合っていた

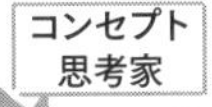


守護神

ロジカル
分析的
事実に基づく

義理堅い
細かい
献身的

組織的
実践的
外向き

楽観的
熱心
価値観に
動かされる

コーディネーター

情熱家

## 11. 裏ラベル

私たちのターゲットは
ラベルをじっくり読む
タイプの消費者だ

広告予算はなかったので
裏ラベルが私たちの活動と
差別化のポイントを伝える
最高の(唯一の)場所だった

それを自分たちで
急いで書き上げ
製造に間に合わせ
なければならなかった

HONEST TEA
T
FRONT
BACK

身近に感じられる
ものがいい
僕たちのストーリー
を書いてみたら?

僕たちは喉がカラカラだった。
本物のお茶を探したけれど、
見つからなかった。そこで、
自分たちで創ることにした。
紅茶、緑茶、ハーブティー
などから原材料を選び、
天然水で煮出し、不純物を
取り除き、甘さを抑えた。

「不純物を取り除き」
は必要ない
かもしれないな
味についての
説明を入れよう
これでどうだ?

僕たちは喉がカラカラだった。
本物のお茶を探したけれど、
見つからなかった。そこで、
自分たちで創ることにした。
紅茶、緑茶、ハーブティー
などから原材料を選び、
天然水で煮出し、不純物を
取り除き、甘さを抑えた。

天然水で煮出し、
ほんの少しの糖分を加えた。
どのフレーバーもほのかな味
と香りが心地よく、
カロリーは他の紅茶系
飲料の6分の1だ。

ちょっとネガティブ
な感じがしない
ですか?
でも本当だ
ちは喉がカラカラだっ
物のお茶を探したけれど
見つからなかった。そこで、
自分たちで創ることにした。
紅茶、緑茶、ハーブティーなど
から原材料を選び、天然水で
煮出し、ほんの少しの糖分を
加えた。どのフレーバーも
ほのかな味と香りが心地よく、
カロリーは他の紅茶系飲料
の6分の1だ。

一箇所
変えましょう
ほんのりと
甘みを加えた
僕たちは喉がカラカラだった。
本物のお茶を探したけれど、
見つからなかった。そこで、
自分たちで創ることにした。
紅茶、緑茶、ハーブティーなど
から原材料を選び、天然水で
煮出し、ほんのりと甘みを
加えた。どのフレーバーも
ほのかな味と香りが心地よく、
カロリーは他の紅茶系飲料
の6分の1だ。

茶葉の澱（おり）についてはどうしましょう
その欠点を長所としてアピールしよう
紅茶、緑茶、ハーブティーなどから原材料を選び、天然水で煮出し、ほんのりと甘みを加えた。どのフレーバーもほのかな味と香りが心地よく、カロリーは他の紅茶系飲料の６分の１だ。
高級ワインと同じでオネストティーにも天然の澱がある。それは自然と誠実さの証。

最後を変えよう
原材料を選び、天然水で煮出し、ほんのりと甘みを加えた。どのフレーバーもほのかな味と香りが心地よく、カロリーは他の紅茶系飲料の６分の１だ。
高級ワインと同じでオネストティーにも天然の澱がある。「絞りカスに旨味が詰まっている」。
追伸はなにか面白おかしく前向きなものにしないと緑茶にはこれでどうだ？
選び、天然水でのりと甘みをフレーバーも香りが心地よく、カロリーは他の紅茶系飲料の６分の１だ。
P. S.「モロッコ・ミント」にはブロッコリの20倍の抗酸化物質が含まれることが実験で証明されている。
カシミール・チャイはこうしよう
HONEST TEA
KASHMIRI CHAI
P. S. 冷やしても温めてもミルクを混ぜてもおいしい。バリーはピザといっしょに。
ぴったりだ
じゃあ僕らの署名もいるな
サインの実物をスキャンしよう
Seth + Barry

アルファベット順にしないのは？
Barry + Seth
Seth + Barry
バリー・アンド・セスだとアイスクリームのベン・アンド・ジェリーみたいだから
BEN&JERRY'S

キャッチ
フレーズも
いるな
こんなのは
どうだ？
本物の茶葉 本物の味 クソみたいじゃない

冗談じゃないさ
最高の原料を使ってるし
本当のことじゃないか
それにふたつの意味がある
冗談やめて
ください

変えましょう！
僕たちのターゲットは
成熟した消費者ですよ
ヨガをやって
公共放送を聞くような…
こんなのは？
新鮮な茶葉を煮出した甘さ控えめ飲料
ちょっと退屈だが
オネストティーの
セールスポイントが
出てるな

数週間後
TEA FRESHLY BREWED & BARLEY SWEETENED
甘さ控えめ？
味はどうなのかしら？
裏ラベルの文章はいいが
キャッチフレーズが
いまいちだな
HONEST TEA
「本物の茶葉　本物の味
オネストティー」にしよう

図解する
Making a Pictogram
メーガン　ちょっと相談があるんだが
KNOCK KNOCK
どうしたの？
裏ラベルにカフェインの含有量をイラストで図解したいんだが
あら経済学の相談かと思ったのに

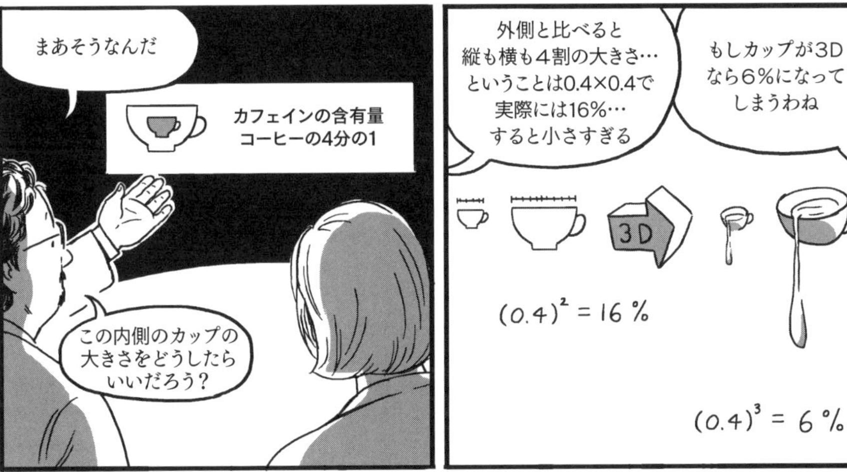
まあそうなんだ
カフェインの含有量
コーヒーの4分の1
この内側のカップの大きさをどうしたらいいだろう？
外側と比べると縦も横も４割の大きさ…ということは0.4×0.4で実際には16%…すると小さすぎる
もしカップが3Dなら6％になってしまうわね
3D
(0.4)² = 16 %
(0.4)³ = 6 %

だから聞いてるんだ正確に図解したら誤解を招きそうで
たしかに
63%
そうね　あなたの描き方のほうが伝わるかも
カフェインの含有量
コーヒーの4分の1
正確じゃなくてもこれを見たら４分の１だとわかる…それが大切

# 12. 味はよくても

今日は理想の飲み物
について話し合おう

TASTE
SUGAR
オネストティーは
どこだろう
頂点の
あたり！

TASTE
SUGAR
賛成の人は
手を挙げて

TASTE
実際はこのあたりだ
これは単なる
間違いだろうか
HONEST
TEA
DISHONEST
TEA
SUGAR

ライバルが曲線の右端に
いるのは理解できます
甘すぎるとお茶の味が
わかりませんね
でも味が一番良くなる
甘さにしなかったのは
なぜですか？

では経済性の観点
からどう思う？
買い手が砂糖を加えて
調整できるように
控えめに見せたいから
完ぺきと宣伝すると
批判を招くから
ライバルとの差別化を
大きくするため

人の好みはそれぞれだから？
ひとりの人のためであっても味のピークのところには持っていかないな
なぜ？
I'M STILL HERE

砂糖の原料費を抑えられるから？
他になにが節約できる？
$

カロリー！
消費者は味だけじゃなく価格とカロリーも気にかける
DIET COKE

経済学の基本だな
だがカロリーと価格が下がり原料の節約にもなる
頂点付近は平らになるつまり糖分を少し減らしても味はほとんど変わらない
TASTE
SUGAR

量を減らせば天然原料を使う余裕が出る
MAPLE
HONEY
AGAVE
消費者の総合的な満足感を最大化するためだ

裏ラベルに味と糖分の曲線を図解しているのは私たちだけだ
経済学博士でなくてもお茶は作れますが、学位が役に立つこともあります。糖分の限界効用逓減の図がこちら。スプーン1杯で苦味がなくなります。次の1杯でちょうどいい甘さに。それ以上加えても味はあまり変わらずカロリーが増えるだけです。6杯も入れるとただの砂糖水ですね。
P. S. 抗酸化作用のあるグリーンドラゴンティーは健康促進に効き目があります。
消費者が理解してくれますかね

考えさせることが狙いなんだ
おいしい！なのにたった30キロカロリー！

そうか…大切なのは味だけじゃないんだ糖分を減らすことで全体が最適になるんですね
でも消費者はただの印刷ミスと思うのでは？

かもしれないがそのうちこれが最適だとわかってくれるリピーターになってくれるさ

# 13. 企業価値

立ち上げには資金が必要だ
資金調達のためには業績予想が必要だ
非アルコール飲料の市場規模は720億ドル
$72 Billion
炭酸　ジュース　乳飲料　水　お茶を全部入れた市場だね
ボトル入り紅茶飲料市場は1997年に25億ドルで年率20%成長している
NON-ALCOHOLIC BEVERAGES
Tea
$2.5 Billion
そのうちオーガニックはどのくらい？
ヨーグルト市場の10%がオーガニックだ紅茶も同じくらいかな？
Tea
ORGANIC TEA 10%
オネストティーはどのくらいシェアを取れるだろう？
ORGANIC TEA
HONEST TEA 40%
市場リーダーを目指すとしたら4割のシェアで年間売上が1億ドルか
そうだな1億ドルの売上になったらいいなまあ今のところは絵に描いた餅だが
OTHER
$150 million
HONEST TEA
$100 million
きっとできます
私もそう思うだが投資家が信じるかどうか

アメリカではここ数年で1000店以上の
ティーハウスが開店しています
自然食品市場は現在の115億ドルから
2003年には500億ドル規模になると
予測されています
POP
POP
NATURAL FOODS
$11.5
$50
2003

1億ドル企業になると信じてくれる人がいれば
その企業価値をもとに資金調達できるが
今のところ500万ドルが精一杯かな

やってみるしかないでしょう
今の価値が低いってことは将来
株主のリターンも大きくなる
わけですから

これまでと違う
やり方で資金調達
してみようと思う
絵に描いた餅じゃなく
実際の成功に応じて
我々にリターンがある
ような形にしたい
というと？

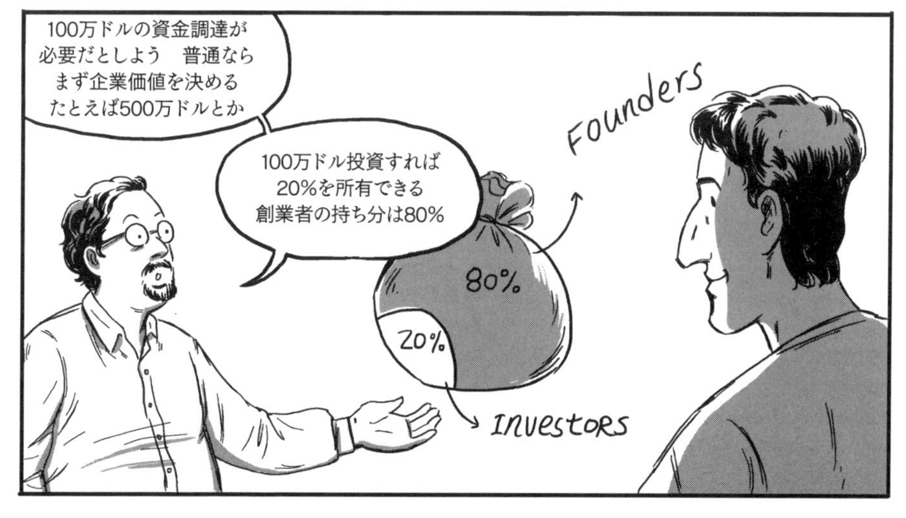
100万ドルの資金調達が
必要だとしよう　普通なら
まず企業価値を決める
たとえば500万ドルとか
100万ドル投資すれば
20%を所有できる
創業者の持ち分は80%
Founders
80%
20%
Investors

1株1ドルで100万株を売却する
創業者の我々は100万株のワラントをもらう
株を決まった価格で手に入れる権利だ

$2
$3
$5
$10
$15
WARRANTS

我々のワラントの価値は今はゼロだ
少し成長して株価が2ドルに
なってもまだ我々のリターンはない

株式が3倍になるとはじめてワラントに価値が出る
2ドルの行使価格で価値が3ドルなら
我々の利益は1ドルだ

| 1株3ドル | |
|---|---|
| 投資家 | 100万株　300万ドル |
| 創業者 | 100万ワラント@2ドル=100万ドル |

企業価値全体は400万ドルで
我々の持ち株比率は25%になる

株式価値が上がれば
我々の所有比率も増える
1株12ドルなら
企業価値は4000万ドル
ワラント価値は2800万ドル
我々の持ち株比率は70%

| 1株12ドル | |
|---|---|
| 投資家 | 100万株　1200万ドル |
| 創業者 | 100万ワラント@2ドル =1000万ドル<br>100万ワラント@3ドル =900万ドル<br>100万ワラント@5ドル =700万ドル<br>100万ワラント@10ドル=200万ドル<br>100万ワラント@15ドル=0<br>計2800万ドル |

※ワラント：一定価格で新規発行株式を受け取る権利

※わかりやすくするため、ここでは数値を単純化した。実際には1株50セントで124万株を発行し、
私たちは1ドル、1ドル50セント、2ドル50セント、5ドル、7ドル50セントの行使価格で8万ワラントを取得した。

## 14. エリーの手術

手術費用はジュリーの会社の保険でカバーできた

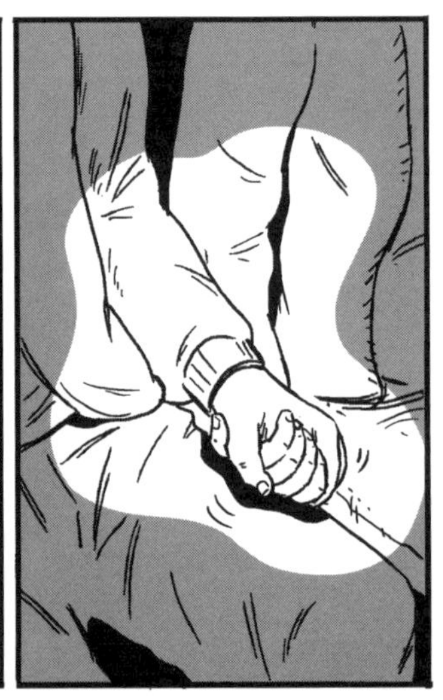

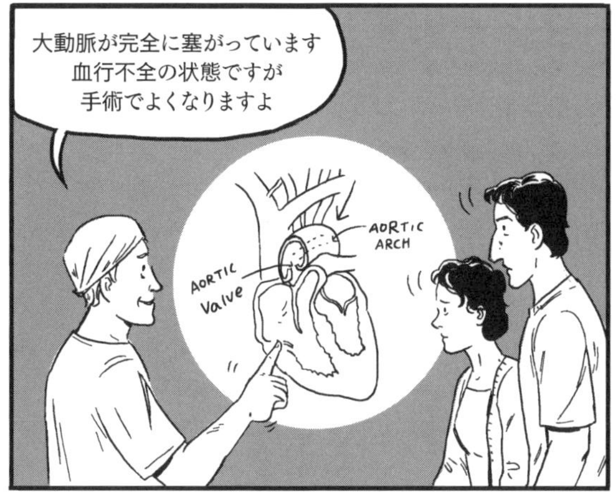
大動脈が完全に塞がっています
血行不全の状態ですが
手術でよくなりますよ
AORTIC ARCH
AORTIC Valve

Intensive Care Unit

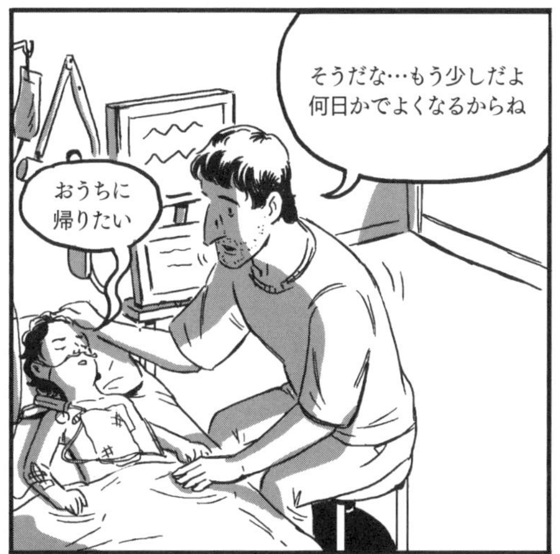
おうちに帰りたい
そうだな…もう少しだよ
何日かでよくなるからね

2日目
Z Z Z

3日目
Z Z Z

4日目

5日目
息子さんの
具合は？
回復してます
退院するまでがんばりますよ
こんな遅くにすみません
大丈夫
仕事が終わるのが
11時なんで

バクテリアの増殖を
抑えるために酸を入れて
PHを下げるんですよね
アッサムにレモン
ジュースを混ぜたら
こんな味になった

うう酸っぱい…砂糖をドバッと
入れたくなるはずだな
もう少し柔らかい
酸はありませんか？

クエン酸だけだと
こんな感じだけど

うん…マシだけど
まだいまひとつ
他の酸はありませんか

天然のリンゴ酸は
どうだろう
ずいぶん良くなった
紅茶系にはこちらを
使いましょう
緑茶系にはクエン酸を

6日目
もう退院できるわ

# 15. 初出荷

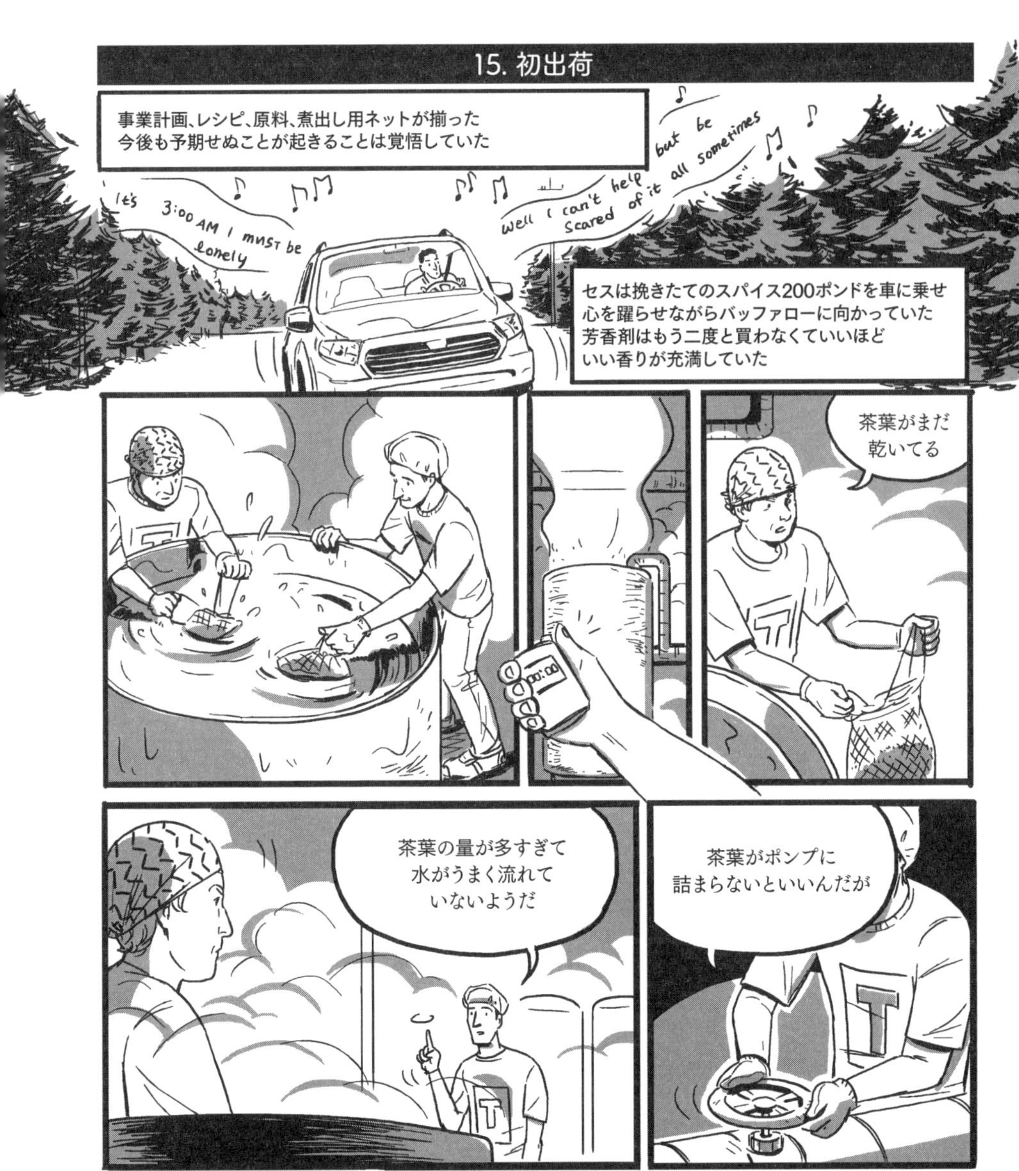

事業計画、レシピ、原料、煮出し用ネットが揃った
今後も予期せぬことが起きることは覚悟していた
It's 3:00 AM I must be lonely
Well I can't help but be scared of it all sometimes
セスは挽きたてのスパイス200ポンドを車に乗せ
心を躍らせながらバッファローに向かっていた
芳香剤はもう二度と買わなくていいほど
いい香りが充満していた
茶葉がまだ乾いてる
茶葉の量が多すぎて水がうまく流れていないようだ
茶葉がポンプに詰まらないといいんだが

BRRRRRRR


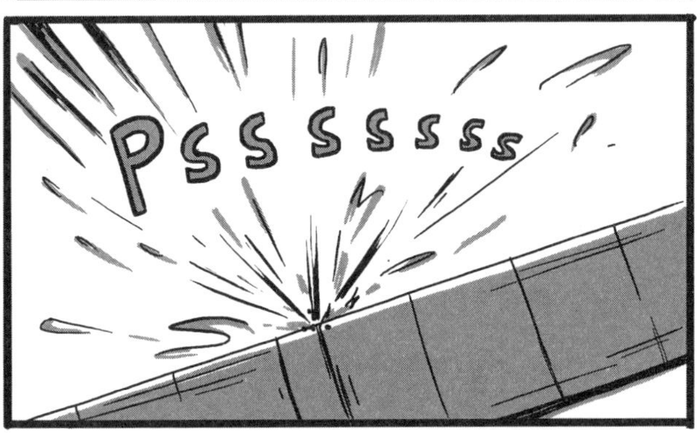

PSSSSSSS

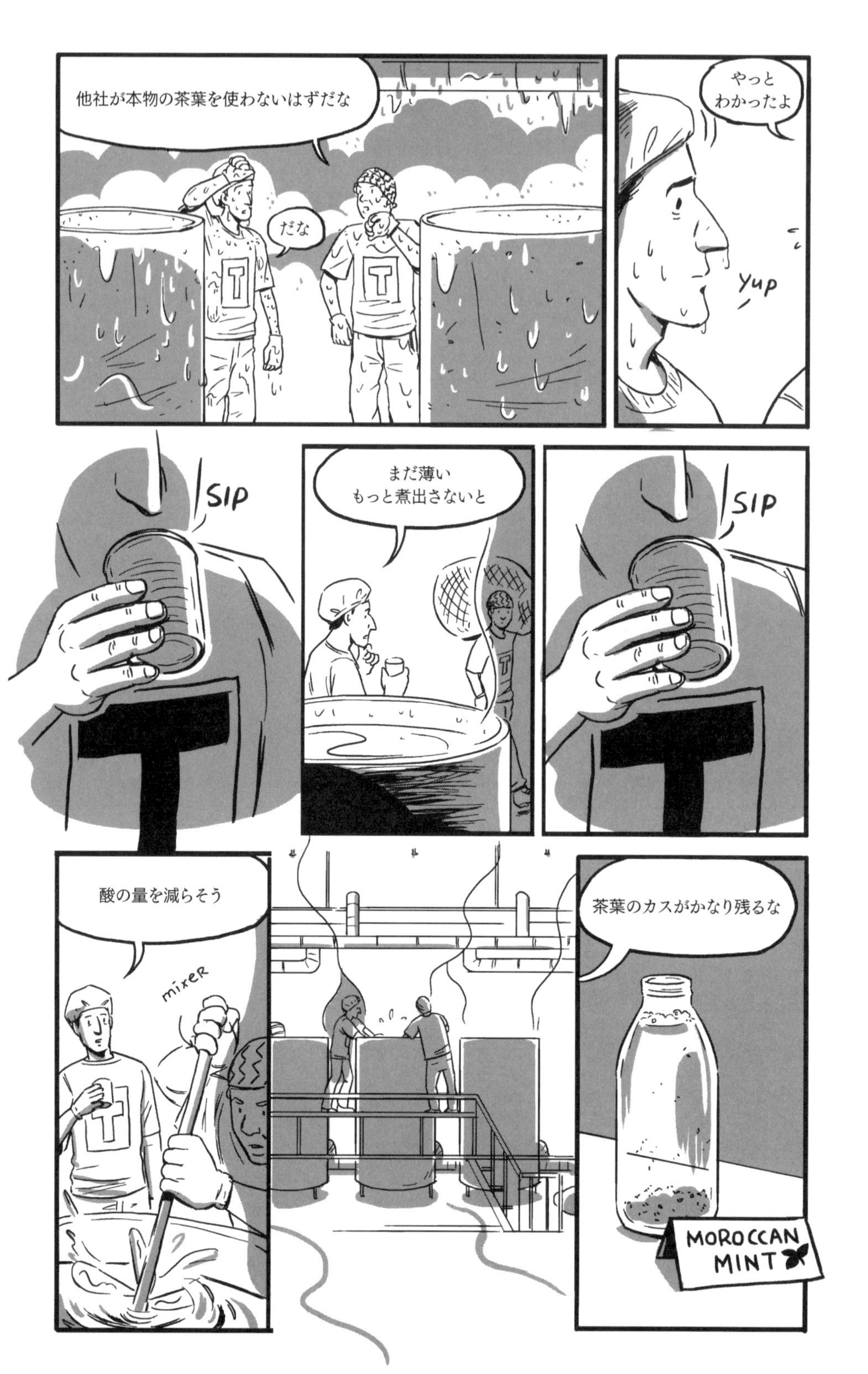
他社が本物の茶葉を使わないはずだな
だな
やっと
わかったよ
yup
SIP
まだ薄い
もっと煮出さないと
SIP
酸の量を減らそう
mixer
茶葉のカスがかなり残るな
MOROCCAN
MINT

もっと酸を入れないと
PHがまだ高い
SIP

ほんの少しずつ加えよう
味を犠牲にしたくない
ACID POWDER

酸っぱい
もっと薄めよう

モロッコ・ミントはOKだが
アッサムがまだだ
瓶詰めはできない
MOROCCAN MINT
assam

最高の味でなければ
捨てた方がいいですね
残念だけど
そうだな

次回は3日間も
かからないことを祈るよ
4万8000本作るのにこんなに
かかってたら商売にならない
だが問題はわかったぞ

僕はニュージャージーの
ラベル工場の
様子を見てくるよ

ラベル工場
うちはだいたいシャンプーのラベル専門なんだがなんとかできたよ

ラッピングの乾燥は手作業だ

WAAAA

HAPPY 40th BIRTHDAY
SURPRISE!
完ぺきに
だまされたよ！
すごいお誕生日
プレゼントがあるのよ

サプライズ!!

ラベル工場からできたて
ホヤホヤのを持ってきた
第1号だ
思ったとおり
の出来栄えだ

セス　ジェフ・マクリスを
紹介するよ　大学時代の
ルームメイトだ
すごく
おいしい
投資させて
ほしいな

オスター教授
セス
いいアイデアね
失敗しそうな
気がするわ…

売れ過ぎたら
困るんですよ
なぜだ？

大量に製造できない
赤字がかさむから
そのうち利益が
出るから大丈夫

16. 原価計算（単純版）
茶葉……………………4セント
天然水…………………1セント
スパイス………………3セント
はちみつ・砂糖・アガベ …4セント
行政認証………………1セント
原料トータル…………13セント
（1本あたり）
TEA LEAVES ········4¢
SPRING WATER ········1¢
FRUIT PUREES & BOTANICALS ····3¢
HONEY, SUGAR, AGAVE ········4¢
CERTIFICATION
(KOSHER, USDA ORGANIC)········1¢
TOTAL ········13¢/BOTTLE
CLINK
filler
Capper
Bottle
8.7¢
ボトル　8.7セント
Cooling tunnel
ふた　3.4セント
Bottle Cap
3.4¢
トレイ　1.3セント
Case Tray
1.3¢
HONEST TEA
パレット　0.7セント
Pallet
0.7¢

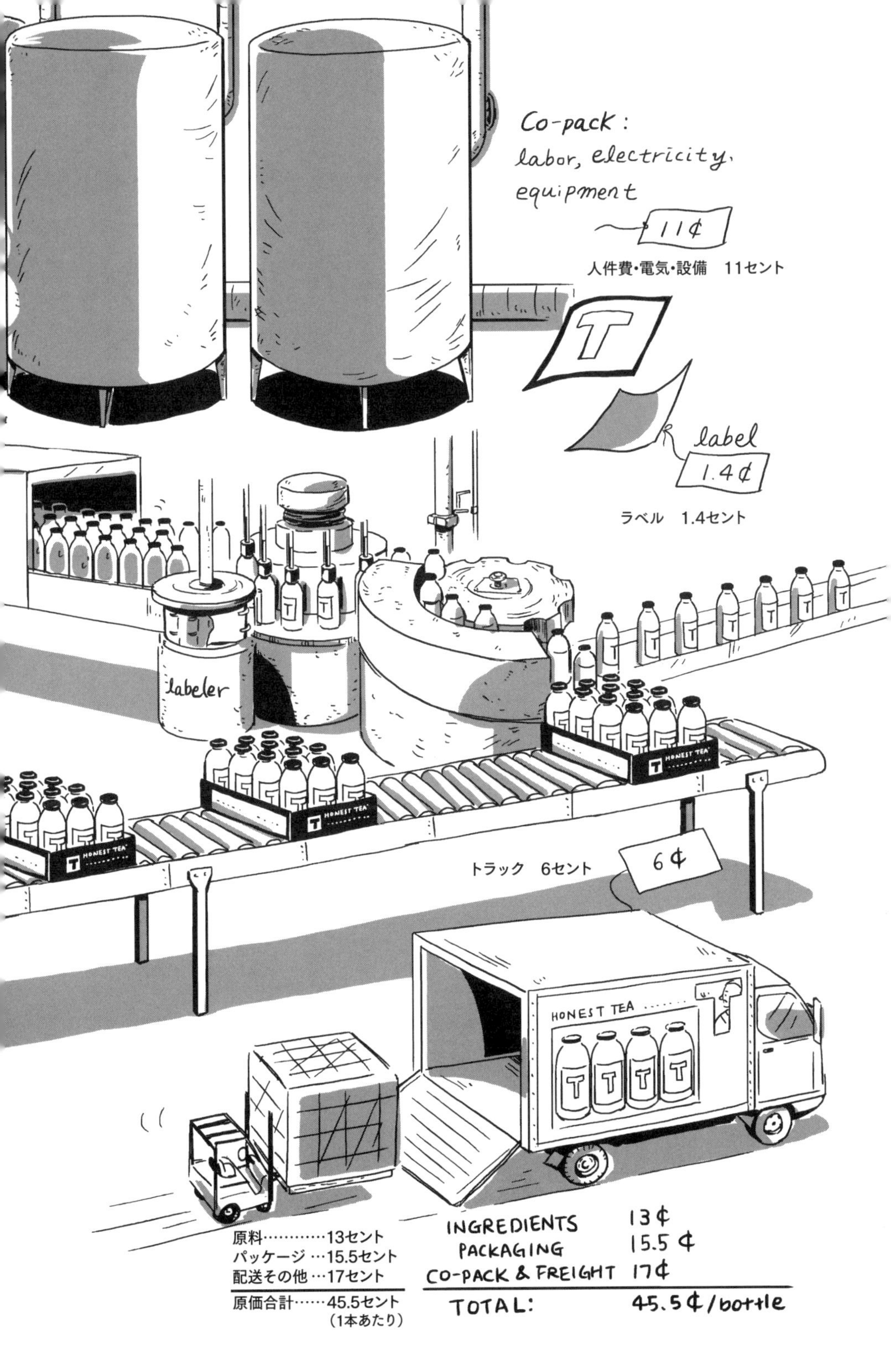
Co-pack:
labor, electricity, equipment
11¢
人件費・電気・設備　11セント
label
1.4¢
ラベル　1.4セント
labeler
HONEST TEA
トラック　6セント
6¢
HONEST TEA
原料…………13セント
パッケージ …15.5セント
配送その他 …17セント
原価合計……45.5セント
（1本あたり）
INGREDIENTS 13¢
PACKAGING 15.5¢
CO-PACK & FREIGHT 17¢
TOTAL: 45.5¢/bottle

卸値はどうする？
小売価格を1ドル39より安く抑えるには卸値は70セントまでだ
HONEST TEA

販促の割引も与えないと
4 for $5
となると卸値は60セントか

1本あたり14.5セントの利益だとすると100万本売っても14万5000ドルの儲けにしかならない…そこから家賃と給料とサンプル費用と弁護士費用とキッチン代と…
0.54
0.99
102
3
0.5
4.2
Σ

永遠に儲からない

だが卸値を70セント以上にしたらいつまでたってもニッチ商品のままだ
HONEST TEA
T

販売量が増えれば原料も大量購入できるし割引も貰える
10% DISCOUNT

20% DISCOUNT
15% DISCOUNT

現状のコストで価格を決めると大量販売できないしコストダウンもできない「フィールドオブドリームズ」方式でいかないと
低価格に設定して量販しコストを下げるんだ
その前に潰れないようにしないと

# 17. 高級オレンジはどこにいく

ニューヨークの人の方が金持ちで
高い値段を払えるから

フロリダだってニューヨーク
と同じくらい金持ちはいる
みんなニューヨークから
来るんだから

同じ年代で収入も変わらない
2組のカップルがいるとしよう
どこに行く？
映画に
行きましょう
子供がいるカップルは可処分所得は少なくなるが
ブロードウェイの舞台を観に行く
何時から
7時半よ

私もベビーシッターのバイトを
したことあるけど1晩40ドルくらい
40ドル払って映画を
観に行くってことはないわね

ベビーシッターのコストを
入れると映画を観るのに
60ドルもかかってしまう
ベビーシッターを雇うなら
もっといい場所に行くよね

オレンジも同じってことか
高級オレンジは1セントで
超高級だと10セント
ニューヨークにオレンジを
輸送するのはベビシッターを
雇うようなものですね
輸送にお金がかかる
5セントのオレンジに1ドルの
輸送費を払ったりはしないが
最高級オレンジなら
輸送費のもとが取れる

それが経済学だ
輸送費が高い場合は
高価格品を運ぶ方が
理にかなっている
NEW
YORK

ではオネストティーに
どう応用できるだろう？
ボトルがベビーシッター
みたいなものですね
高価なボトルに安い紅茶を
入れても意味がない
その通り

ガラス瓶を買い
飲料を入れ蓋をして
ラベルを貼る
ケースに詰めて
流通業者に卸し店舗に運ぶ
ここまでで32.5ドル

原材料費はこの中で
一番小さなコストだ
ライバルの原料費は
1本あたり1セント以下
私たちは茶葉に4セント
スパイスや天然甘味料に
8セントもかけている

消費者には絶対
違いがわかるはずだ
粉末ではなく高級な茶葉
から煮出しているんだから


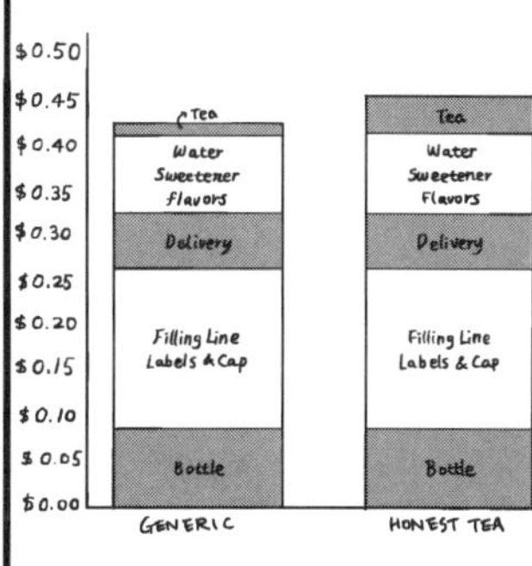

原料費はライバルの4倍だ
$0.50
$0.45
$0.40
$0.35
$0.30
$0.25
$0.20
$0.15
$0.10
$0.05
$0.00
Tea
Water
Sweetener
Flavors
Delivery
Filling Line
Labels & Cap
Bottle
GENERIC
HONEST TEA

他社も高級原料を
使えばいいのに
「最高級素材を
使っています」
なんて嘘だったんだな

私たちの天然甘味料は
人工甘味料の3倍の値段なんだ
だが量は3分の1で済む
他社がどうして高級な原料を
使わないのかはわからないが
???

## 18. 商品完成…それから？

ホールフーズへの納入が終わり
ニューヨークの最高級スーパー
から注文を受けた
FAIRWAY
"Like No Other Market"
だが配送が問題だった

再注文が入ったら？
僕が毎週配達に
来るわけにいかない
だがニューヨークの
高級スーパーが
成長の鍵になるぞ

だからインターンを
2人雇って
配送させてる
ORGANIC

ジュリーは仕事に行く途中で
ホームレスシェルターに
差し入れしているし
OPEN

先生はニューヘイブン
の担当だ

ケンブリッジの店には
僕の父が配達してる

これじゃ続かないし
規模拡大もできない
店舗の開拓より配送が問題だ
他の紅茶系飲料の
流通業者を使ったら？
東海岸最大手の流通業者に
会えることになった
頼んでみよう

HONICKMAN GROUP
Canada Dry Potomac Corp.
Canada Dry Delaware Valley
Canada Dry Bottling of Philadelphia
Canada Dry New York
CANADA DRY
ハロルド・ホニックマン

オネストティーと
他社商品との違いは
わかっていただけると
思います
T
WHAT THEY CALL
TEA

甘さが足りない　草みたいだ
それに高すぎる　売れないよ
でも今のところ
好評ですが

だがライバル商品の方が
断然売れてるよ
いずれにしろ
スナップルとの契約があるので
お宅とは取引できない

どうだった？
しくじった
ダメ
だったか？
説得できないんだ
大学の友だちがボストンで
テスト販売を手伝って
くれるそうだ

U-HAUL
U-HAUL

15ケース
売れた
OPEN
こっちは
10ケースだ
一番売上の多い店で
5ケース試験販売
してくれるそうだ
LEGAL SEA FOODS
RESTAURANT・OYSTER BAR
再注文が
あったらどうしよう
いつまでもレンタカーで
配送してるわけにいかないな
このあたりには駐車場が
ほとんどない
この駐車場に
入ってみよう
8 FEET
ここは無理
じゃない？

どうして
8 FEET
車高が
10フィート
あるから
CRACK
やっぱり表示は
正しかった

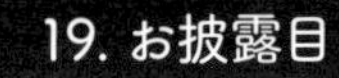
19. お披露目

N.A.S.F.T.
Welcomes You to the
Fancy Food Show

1998年6月 ニューヨーク州
ジャビスセンター

同じような商品ばかりだ
400
MUNCH
MUNCH
それだけ競争が
激しいってことさ

ビスコッティだけでも
100ブースはあるな
もう一生食べなくていい

ラスクだ！
食べてみよう

グルメコのブースもある！
高級チーズとオリーブ
オイルの流通代理店だ
imports

バリーです
セスです
オネストティーを
作っています
新しい飲料ね
私はメラニー

試してみませんか？
御社の高級チーズに合いますよ
あとでそちらのブースに
うかがいますね

すみません
まだブースがないんです
今回初めて参加したので

わぁ！　今までにない味ね
甘すぎず自家製みたい
うれしいです

自家製よりも上質です
新鮮な茶葉を天然水で
適温で煮出しますから
御社がぴったりの
流通代理店だと
言われました

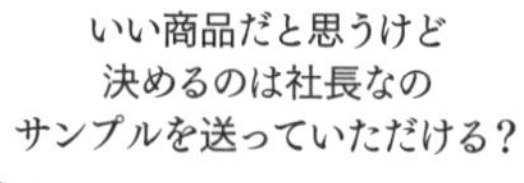
いい商品だと思うけど
決めるのは社長なの
サンプルを送っていただける？

もちろんです
僕らの本社と
近いですよね

数週間後
朗報よ オネストティーを
販売することになったわ
大手スーパーのバイヤー
とのミーティングに
同席できる？
もちろん！

GIANT
グルメコのメラニーです
3時のお約束なんですが
PM2:45

ご一緒できてよかったわ
しかもCEOと
ティーEO
です
そうそう
ティーEO

遅いわね
PM3:15

受付の人に聞いてくるわ
ここのバイヤーは
すごくいい人なの
PM3:45

急用ができてしまった
すまないがサンプルを
置いていってくれ
PM4:35

無駄足させてしまって
ごめんなさい
気にしないでください
話ができてよかった
バイヤーの顔も見れたし
断られたわけじゃないし

翌日
置いてくれるそうよ
たぶんすっぽかして
悪いと思ったのね

# 20. 独占契約

Yale Dining
イェール大学には
売上の1%を
差し上げますが
コカ・コーラと
キャンパス内の
独占販売契約が
あるんだ
…
イェール契約部
コーラとの契約では
乳製品と豆乳製品は
除外したいわ
いいでしょう
HELEN KAUDER
V8も
わかりました
水とその他の
大学開発商品も
「その他」は広いですが
まあいいでしょう
その晩
ANIMALS 動物篇
dòng wù piān
除外にして
もらったわ
契約部に妻が
いると便利だな

でも
辞めるわ
えぇ?
地元の美術館に
勤めたいの
ママ大賛成!
ART SPACE
じゃあ美術館で
独占販売できるな!
間もなくイェールの学食と
美術館への納入が決まった

21. 初期マーケティング
1998年夏、オフィスを構えて
2人のMBAをインターンとして雇った
HONEST TEA
小売店での販促を
手伝ってほしい
NET IMPACT
17店舗のホールフーズで
試飲会を開く
8月中に1回4時間の
試飲会を8回だ
すごい数
ですね
立ちっぱなしだ
販売より試飲の方が
多くなるかもしれないが
重要店舗だからがんばろう
お試しどうぞ
お願いします
HONEST TEA
無料です
サンプル
どうぞ
HONEST TEA
新製品です
HONEST TEA
甘さ控えめ
紅茶
です
8月末にはこれらの店舗で
一番人気の紅茶系飲料となった

マーケティングはほとんど口コミだった
株主が宣伝してくれて
商品がメディアで話題になっていった

アンドリュー・トビアス
金融評論家
ブログ・コラム

1999年9月

Andrew Tobias
Money and Other Subjects

オネストティーの話をしたっけ？　イェール大学院の教授から紹介されて、その場でネーミングもパッケージも気に入ったんだ。味は正直まずかった。だけどその時はかばんから出したばかりで生ぬるかかったからだ。氷を入れて冷やしたり、ホットで飲んでみるとすごくうまかった。私も少しばかりだが株主になったんだ。数カ月前、自宅に数ケース配達してもらった。それでスーパーにいってみると前より棚のスペースも広くなってるじゃないか。ファンは私だけじゃなかったってことだ！　破産しなくて済みそうだ！

## 22. 使命感

MAYNR BROS.

1999年1月14日
バッファローの皆さん
おはようございます！　気温は3度
さらに記録的な積雪が予想されます
ペパーミントティーの
全国初出荷だ
楽しみだな！
ペパーミントの葉が
112ポンド必要になる

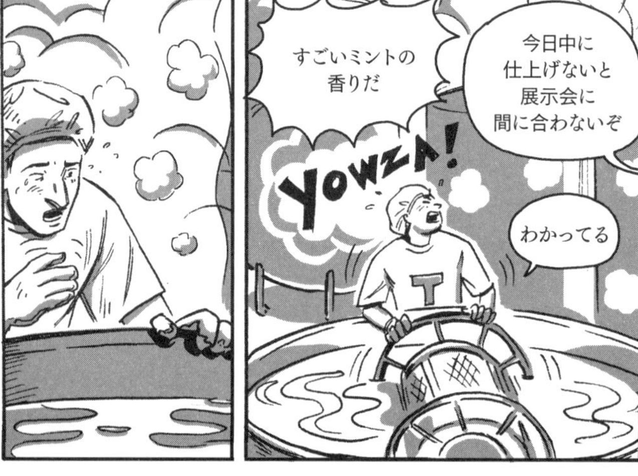
すごいミントの
香りだ
YOWZA!
今日中に
仕上げないと
展示会に
間に合わないぞ
わかってる

湯気で
何も見えないが
ボトルに入れるぞ

SNAP
UH-OH!
いったん帰宅して
モンタナに飛ぶ
予定なんだ
持参しないと
吹雪だから運転
気をつけて
手でボトル
詰めする
しかないな

ピッツバーグ南部
のろのろ
運転だな
0 20 40 60 80 100 120 140 160

トンネルで遅れ
をとり戻そう

I STILL HAVEN'T FOUND
WHAT I'M LOOKING FOR ~

WHERE THE STREETS
HAVE NO NAME
HMPH
安全運転
してって
言ったでしょ!?
大丈夫
生きてるから
心配しないで
ロビン
すみませんが
1日遅れます
HOT
大丈夫
すべては必然よ

バスでベセスダに戻る
これで食品展示会に送る準備ができたぞ
午前2時
モンタナ
テレサ
ロビン・ヴァリー
セスです！
HI!

最初にペパーミントを買いたいと連絡を受けたときは疑っていました
アメリカ原住民はこれまでいつも騙されてきたので
だから会いに来たんですよ

クロウ族と提携できて嬉しいです
このペパーミントティーは本格的だ

養護施設
お茶のロイヤルティー収入が施設の維持費になるんです

保護区でのペパーミントの栽培についてお話ししましょう
行きましょう

私たちの民話によると
昔々人間は地球と動物に
ひどい仕打ちをしたそうです

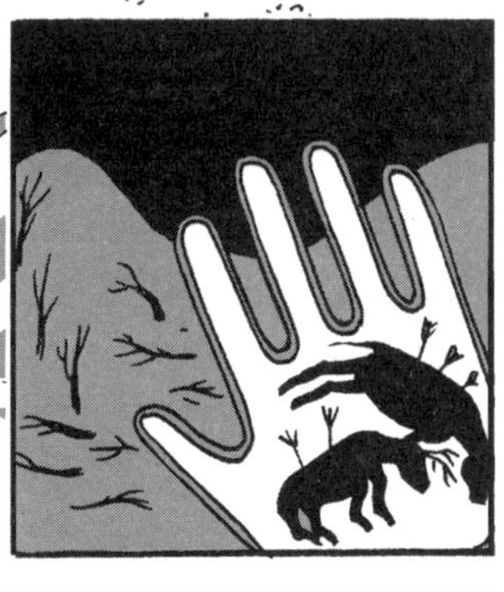

動物は人間を罰するため
呪いをかけたそうです

呪いによって多くの人が死に
人類は絶滅の危機に瀕しました

人間は過ちに気づき
創造主に祈ったそうです
植物の精がその祈りを聞きました

植物は人間を助け地球に
均衡を取り戻しました

人間も植物もお互いを
癒やし合うことを約束しました
植物は自分たちの歌を
人間に教えたのです

その歌を歌えば植物が育ちます
人間は植物への尊敬を学びました

私たちクロウ族が歌を歌いながら
収穫するのはそのためです
植物を根っこから
引き抜くことはありません
種を植え直し
将来に備えるのです

生き物すべてが
均衡をとれるように
守りたいんです

この考え方を
オネストティーで
体現したいな

あれは
なんですか？
サウナです
行ってみますか？
もちろん！
リトル・ビッグホーンリバー
どうぞ
長時間は無理だ
のぼせてしまう…
普段はすぐに冷たい川に
飛び込むんですが今夜は
温かい水をかけましょう
気を遣ってくださって
ありがとうございます
少し気持ちが
落ち着いてきました
AAAH…
すべては必然…かな
OUCH!

起業の成功は次の質問に答えられるかどうかで決まる。

1　なぜそもそも成功できるのか
2　ライバルが模倣しても成功できるか

この質問がどうして重要かを説明し、オネストティーがどうそれに答えたかを紹介しよう。

## なぜそもそも成功できるのか

売れて当たり前の商品などない。飲料業界では毎年300種類の新ブランドが発売される。ブランドごとに数種類の商品があるので、年間1000品目を超える新商品が発売されているわけだ。しかし小売店の飲料スペースは増えていない。少なくともそこまで速く拡大してないことは確かだ。既存製品を蹴落とさなければ、棚に並べてもらえない。棚に並べてもらうには、次の質問に答えられなければならない。「これまでの製品とどう違うのか」「顧客の問題をどう解決するか」「消費者の生活をどう改善するか」

オネストティーの答えは明確だった。私たちは市場の穴を見つけたのだ。飲みたい飲料がないと感じていた消費者は僕たちだけではなかった。そこで甘さを抑えた飲料を開発した。甘味料を控えるかわりに上質な原材料を使った。紅茶ファンでなくても、その違いはわかった。

ただし市場の穴を見つけても、そこに飛び込むべきだとは限らない。起業家はみな楽観的だ。楽観性は成功に欠かせないが、そのせいで自分が失敗するはずがないと思い込んでしまうこともある。

思い切って飛び込む前に、現実を確かめよう。このアイデアを思いついたのは君が初めてではないはずだ。それほどいいアイデアなら、なぜだれもやってないんだろう？ なぜみんなが失敗したことに、君が成功できるのか？ 説得力のある答えがなければ、かなり用心して進まなければならない。

たとえば、状況が整ったということも、答えになる。私たちの場合はタイミングが良かった。健康食品の市場は拡大し始めていたが、本格的な健康飲料はまだなかった。スナップルやクリアリー・カナディアンといった飲料が「健康志向」カテゴリーの商品として成功していた。人工着色料を使わない商品ということで、炭酸飲料に比べれば健康的とされていたが、糖分は炭酸飲料と変わらなかった。オネストティーは初めての本格的な健康飲料だった。

とはいえ、素晴らしい商品はきっかけでしかない。これを広める努力が必要だった。通常の広告では費用対効果が悪い。テレビ広告は高すぎた。店に商品を置いてもらえなければ広告を打っても意味がない。私たちは口コミに頼るしかなかった。

例えば、皮膚のタコ取りリムーバーを発明したとしよう。試した人全員がそれを気に入ったとしても、利用者はそのことを周りに話さないだろう。オネストティーの場合は、飲んで気に入ったら、ファンが商品を宣伝してくれる。友だちが家に遊びにきたら、ファンはオネストティーを勧めてくれる。自分たちがそれを「発掘」した気になるのだ。自分で発掘したことに誇りを持ち、それを他人に紹介する。

ビジネスチャンスを見つけて商品を開発するまでが一番大変だと思うかもしれない。だが違う。少し人気が出てくると、ライバルがそれに気づく。そして模倣する。特許で守られていなければコピーされるし、特許で守られていたとしても似たようなものを作るライバルは尽きることがない。

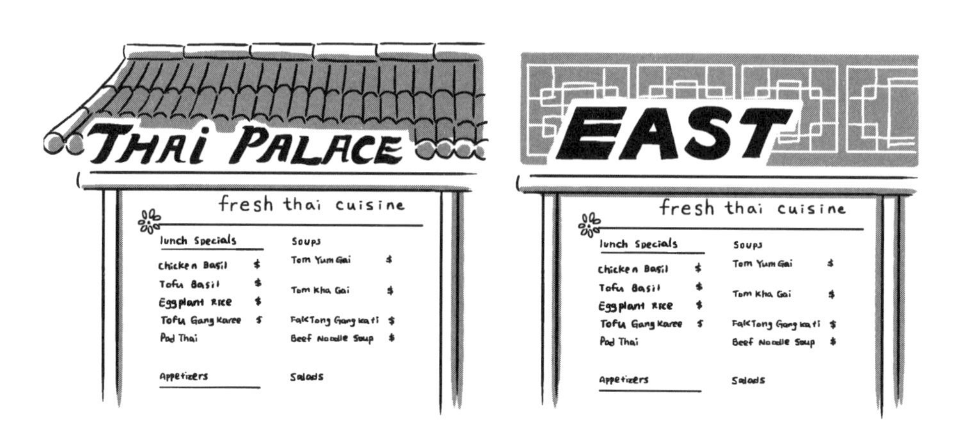


そこで第2の質問が出てくる。これが最も重要な質問だ。

## 資金も経験も豊富なライバルが模倣してきたとき、どう成功し続けられるか？

例えば、オレンジジュースと炭酸を混ぜた飲料では、大手にかなわない。天然のオレンジジュースに炭酸を混ぜたものなら身体にいいしカロリーもコストも既存品の半分だろう。だが、もしそれで成功しても、ミニッツメイドやトロピカーナの試験販売程度のものだ。彼らの費用構造や流通力には絶対に勝てない。素晴らしいビジネスアイデアがあっても、成功できないのはそういう理由だ。

ではオネストティーはどう違うのか？ 大企業にコピーされないのはなぜか？ 少なくとも、コピーする前に彼らが多少はためらうのはなぜだろう？

通常の砂糖たっぷりの飲料と反スナップル的なポジショニングは心理的に両立しない。超甘い商品と甘さを抑えた商品を同時に販売することはできないのだ。有名ブランドの既存顧客は甘い飲料が好きで、甘さ控えめのものを望んではいない。実際、超甘でなければ買ってくれないだろう。甘さ控えめ飲料を求めている消費者は、既存商品を好きではない。両方の消費者を満足させようとすると、かえって混乱を招く。

また、オネストティーの製造工程は手作業が多く規模拡大が難しい。飲料業界は茶葉を煮出して飲料を作るような構造になっていない。効率とスピードを重んじる業界に、それは合わないのだ。

しかも、大手メーカーにとって味の均一性は侵してはならない聖域だ。私たちの商品は幸いにも均一ではなかった。ワインと同じで、「ビンテージ品」はそれぞれ味が違うのだ。だがどれも非常においしく、均一性よりもそのことが重要だった。

オネストティーはレアものとしての効果もあった。自然食品スーパーは、全国チェーンの大手スーパーで売ってないものを販売したがっていた。私たちにとってはブランドを確立し守るチャンスがそこにあった。

以上がオネストティーの答えだ。君には君なりの答えを見つけ出してほしい。

僕もいくつか付け加えさせてもらおう

1　自分が信じるものを作り上げる
2　なにを達成したいかを先に考える
3　いくら健康に良くてもマズいものは売れない
4　はじめは他人に任せない

## 自分が信じるものを作り上げる

スタートアップは、既存企業にくらべてコストも流通も割高になるし、なにをとっても不利だ。だから重要な面で競争力がなければならない。入手しにくいことや茶葉の澱といった弱点を補ってあまりあるなにかが必要になる。君が強く信じることであれば、消費者も思い入れを持つようになるし、店でその商品を求めたり、それがなければ店長に掛けあってくれる可能性も高くなる。

消費者はブランドとのつながりを求めているが、君が彼らの信頼を勝ち取らなければならない。新しいブランドや価値観はなかなか受け入れられない（よく知らない人をすぐには信頼できないのと同じことだ）。一番はじめからはっきりとしたブランドのアイデンティティーを持っていることが重要になる。

ティンバーランドのCEOと初めて交わした会話は忘れられない。

## なにを達成したいかを先に考える

商品を開発して、1～2年販売したらコカ・コーラかP&Gに買収してもらう前提で起業しても、絶対に成功できない。そんな会社はだれも欲しがらない。長期的な視野に立ち、永遠にブランドを所有し続ける覚悟で意思決定をしなければならない。僕たちは常にオネストティーをボトル飲料以上の存在だと考えていた。これまでにないビジネスを体現するような全国ブランドになれると思っていた。

## いくら健康に良くてもマズいものは売れない

環境にやさしいトイレットペーパーも、ザラザラでケバ立っていたらだれも見向きもしない。健康に良くてもおいしくなければ飲料ではない。水みたいな代物は売れない。味が悪いとだめだ。

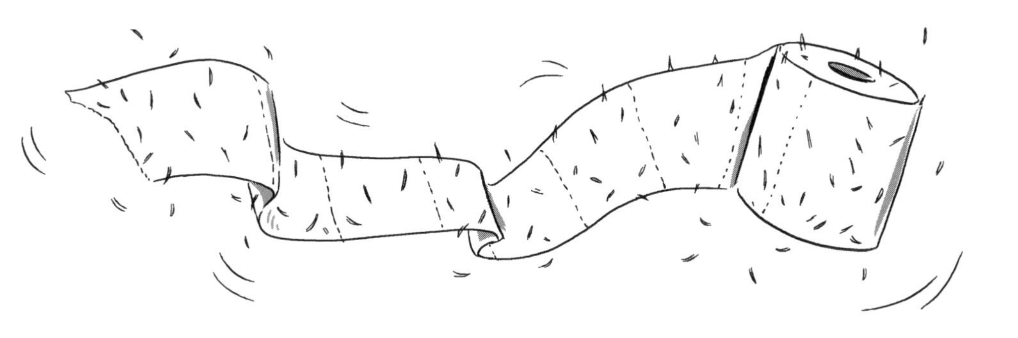

## はじめは他人に任せない

ビジネスの手綱を握る早道は、すべてを自分でやることだ。もちろん君が全能だとはだれも期待しないが、行動を恐れてはいけない。事業が軌道に乗ったら、そのうちだれかを雇って君が苦手なことをやってもらえばいい。僕は経理ソフトの使い方を自分で学んだが、やはりプロにはかなわなかった。はじめは自分で茶葉の買い付けも煮出しも行っていたが、最終的には食品科学者を雇った。販売と配送も最初は自分でやり、トラックを破損させたりした。試飲販売もだれよりこなしたが、今では多くのブランドアンバサダーが全国で活躍してくれている。自分ですべてをやってみたおかげで、今はどんな社員とも、サプライヤーとも、消費者とも臆せず話ができる。

自分でなんでもやるのは本当に大変だし、初年度は睡眠を削ることになる。だが新しいものを創り出す興奮と恐怖の入り混じった感情が、君をつき動かしてくれるはずだ。僕は１日５～６時間の睡眠で大丈夫だった。ときどき30分から60分位余った時間があればランニングに出た。それが不安を振り切りアイデアを生み出すことに役立った。

もちろんそれでも、家庭と仕事のバランスは取らなければならなかった。出張していない時は夕食までには家に戻り、息子の野球チームでコーチをしていた。それで時間のやりくりが苦しくなったが、家族との時間は確保していた。

もうひとつ個人的なアドバイスをすると、ストレスに対処する術を見つけよう、ということだ。

# II　成長の痛み　1999-2004

# 24. サバイバルのための資金調達

初年度の売上は25万ドルだった
商品を店舗に置いてから
6カ月間しかなかったことを
考えれば悪くない

2年目には100万ドルに
届きそうだった
だが予定通り30万ドルの
赤字になる

資金調達が必要だった
今回は株価を
決める必要があった

企業価値はどのくらいだと思う？
適正価値なんてないよ…投資家次第だ
だが来期の売上の５倍
500万ドルは固いだろう

現在の発行済株式数は
124万株だ　我々の
ワラントを加えると一株
２ドル50セントになる

| | | |
|---|---|---|
| 124万株@2.5ドル | ＝ | 310万ドル |
| 8万ワラント@1ドルの行使価格 | ＝ | 120万ドル |
| 8万ワラント@1.5ドルの行使価格 | ＝ | 80万ドル |
| 合計 | ＝ | 510万ドル |

PARENTS
両親

現在の株主は
家族や親しい友人だけだ

ATTORNEY
弁護士

SISTER
姉
PARENTS
friend
友人
彼らにもう一度は頼みにくいな
家族や友人以外の投資家を探そう

オネストティー本社
素晴らしいビジネスですね
お薬のかわりになります
1日にちょうど必要な
カフェインの量ですし
う〜ん
そんな風に考えた
ことはなかったな

私たちは投資する
だけじゃありません
取締役会に入って
御社の成長に貢献しますよ
そうですか
100%自然の健康飲料が商品ですから
オフィスはここに置いたまま住所を
バーモントに移した方がいいですね
VERMONT
ここではいけませんか？
自然食品の会社はバーモントだけ
じゃないでしょう…それに騙して
いるみたいじゃないですか？

社名にドットコムをつければ
投資家が群がるだろう
DOT.com
だれにも理解できないテクノロジーのスタートアップ
には莫大な資金が集まるのにこんなにわかりやすい
僕たちの商売に一口2万5000ドルの投資が
集まらないのはどうしてですかね
オネストティー・ドットコム
に社名変更して
みたらどうだね

ドットコムと名づけたからといって
商売がうまくいくわけじゃないでしょう
飲料の宅配は高くつきますし
環境にも良くない
?

エネルギードリンクはどうだ？
オネストエナジー
っていうブランドで

ご興味はありがたいんですが
少し方向性が違うようですね

Some
lementary
セス　オネストティーが
すごく気に入ったんだ
子供たちの学資に貯めておいた
資金を投資したいんだが
もし失敗したら一生顔向け
できなくなってしまうな
ありがとう　ダグ
心に留めておくよ

あのドクターと話してみた？
ものすごい金持ちを
紹介してくれるって言ってたが
何度も電話で話したけど
まだ紹介してもらってない

2月12日にボストンに
来てくれないか
話をつけよう
その日は息子の誕生日で
夕食までに帰りたいので
2時でどうですか？

やあ
お友達は？
HI!

来られなくなった
だが私が彼らを説得しよう

もう何カ月もお話ししてますよね
投資してくれる人がいたら
その時に教えてください
失礼します

COFFEE
BALTIMORE-WASHINGTON FL1441 4:25PM
BALTIMORE-WASHINGTON FL729 7:35 PM
DELAYED

11:00
I'M SO SORRY

これじゃ本業に専念できない
家族にもう一度聞いてみる
もし失敗しても家族なら許してくれるさ
友人たちに頼むのはリスキーだけど

そこだよ！
大学のルームメイトにも投資してもらったし
その元カノ　ビジネス・パートナー
親友みんなに金を出させてるんだ
共著者も誘ったし
コンサルタント仲間３人も引っ張りこんだ
企業統治の権威のネル・ミノーも
投資の本まで出してるアンディ・トビアスもだ

もし失敗したらオーストラリアに
移住しなきゃならないよ…でももし
成功したらなんで誘わなかったって
文句を言われる

翌朝
ダグ　もしまだ
投資してくれるなら
お願いできますか

数日後
The Washington Post
こんにちは
先週どこでオネストティーが手に入るか
メールで訊ねた者ですが　資金調達を
なさっていると新聞記事で読みました
もし可能なら投資させてもらえませんか？

そのラウンドの資金調達で
投資家のネットワークは大きく拡大した

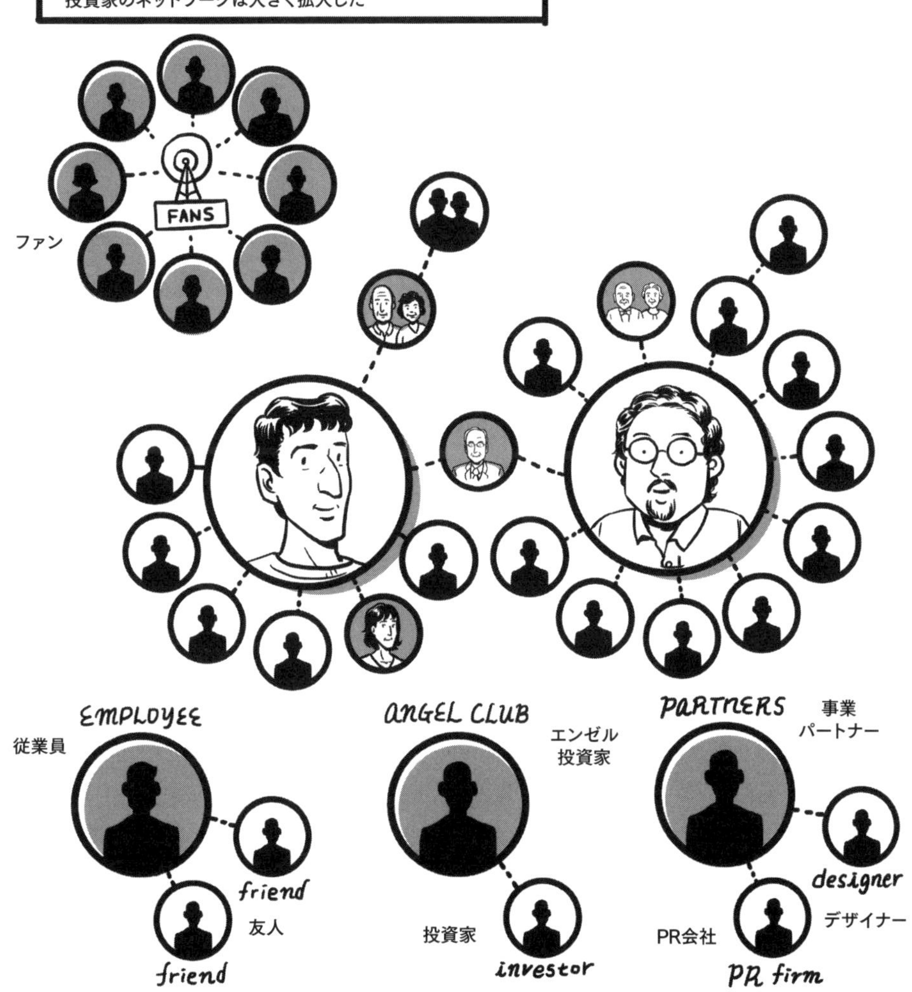

## 25. お手製流通

自然食品の流通業者
とはうまくいっていた
ORGANIC
all about
health
GREEN
STUFF

だがそれ以外の小売店舗に
商品を届けるルートがなかった
maison de ~
Deli
SODA
9 to
5

あらゆる大都市の
飲料卸売業者に掛け合ってみた
甘味が
足りない

値段が高すぎる

草みたいな
味だな

ラベルが地味ね

電話を返してくれた人も
僕たちの商品に興味を示さなかった
スナップルとの契約で
他社の紅茶飲料は
扱えないんだ

エネルギードリンク
なら扱いたいが

どうにか小売店への流通
ルートを見つけないと

メラニーのおかげで高級食材専門店には
グルメコが配送してくれた
CHEESE
HONEST TEA

オネストティーを
こちらに置いてもらうには
どうしたらいいでしょうか？
うちに入ってる
コーンビーフの
流通業者に
電話してみて

うーん…うちは
どちらの卸屋さんとも
付き合いないね
ではどちらに連絡した
らいいでしょうか？

石炭の業者なら
聞いてみます

他の都市では
ありとあらゆる流通業者を使った
CHIPS

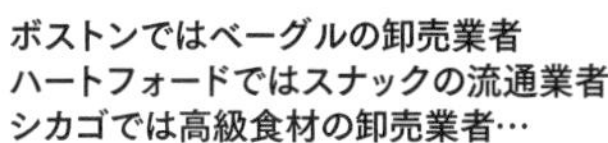
ボストンではベーグルの卸売業者
ハートフォードではスナックの流通業者
シカゴでは高級食材の卸売業者…

ニューヘイブンに戻って
バリー
家賃の催促か？
いや違うよ
小遣い稼ぎに
小売店への配達を
やらないかい？
421½

こうした零細業者との付き合いには
デメリットも多かった

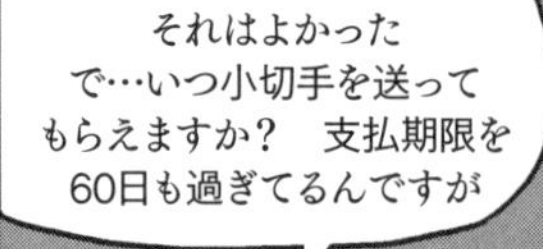

一方シカゴでは

# 26. 頭痛の種

ちょうどいろいろなことがうまくいきはじめた1998年9月
ボトリング工場の社長が突然電話をかけてきた
リンゴの収穫期になり、アップルジュースとサイダーのボトリングのため工場が使えなくなると言う

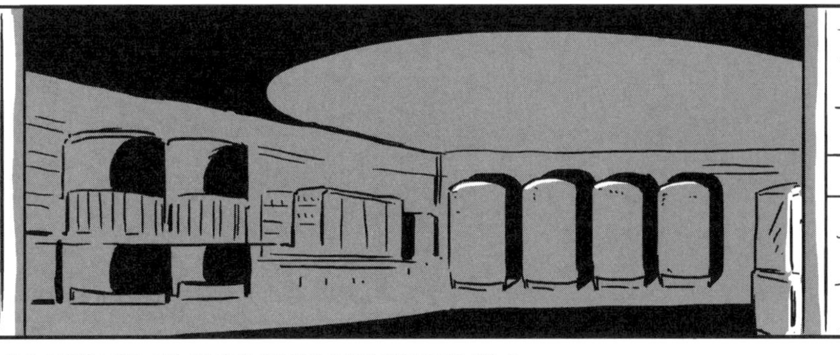

私たちは数カ月先の秋の在庫を作り置きするほどは販売量がなく
生産できなければすぐに潰れてしまいそうだった
事業拡大のためには新しい工場をすぐに見つけなければならなかった

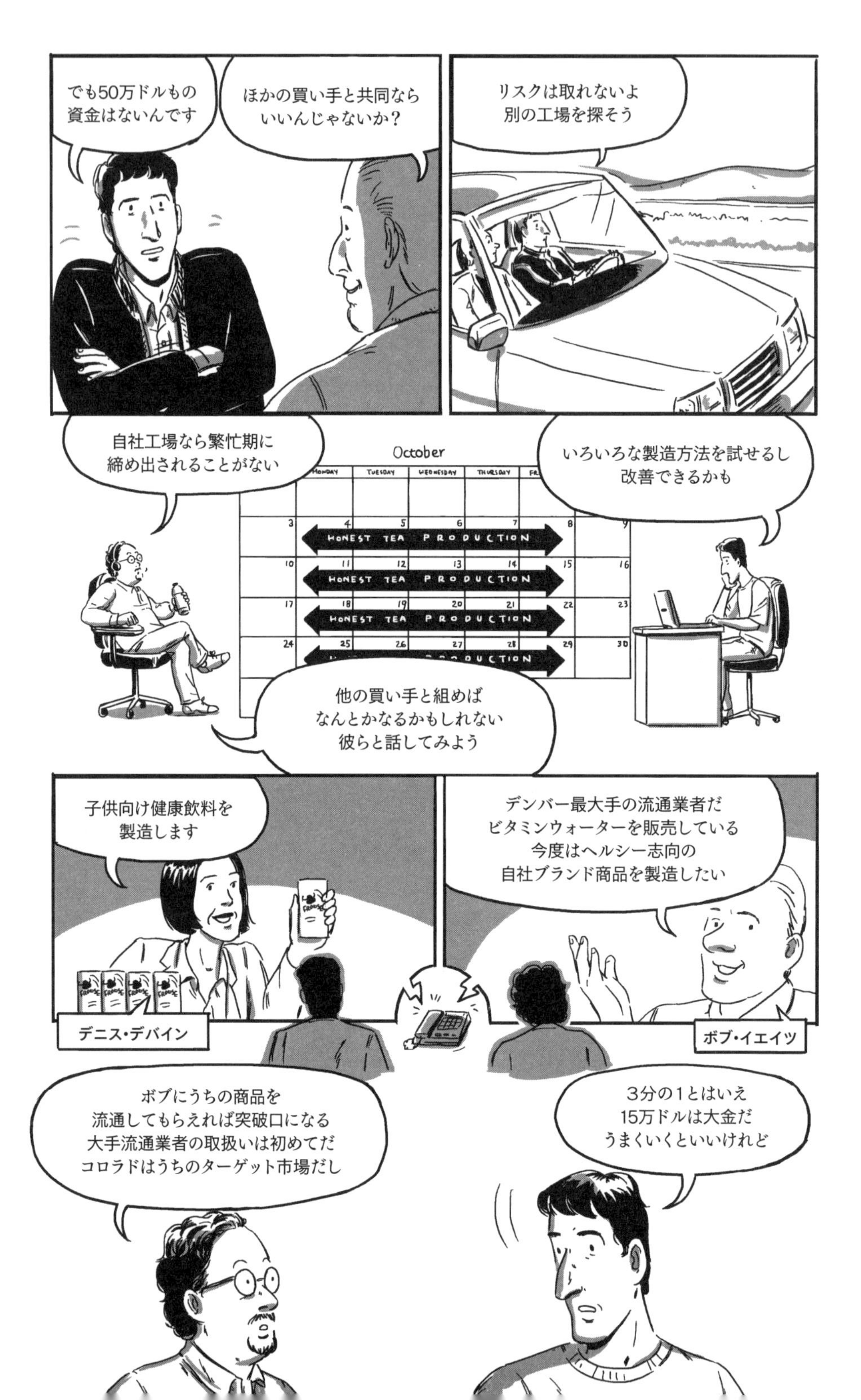
でも50万ドルもの
資金はないんです
ほかの買い手と共同なら
いいんじゃないか？
リスクは取れないよ
別の工場を探そう
自社工場なら繁忙期に
締め出されることがない
October
MONDAY
TUESDAY
WEDNESDAY
THURSDAY
HONEST TEA PRODUCTION
いろいろな製造方法を試せるし
改善できるかも
他の買い手と組めば
なんとかなるかもしれない
彼らと話してみよう
子供向け健康飲料を
製造します
デニス・デバイン
デンバー最大手の流通業者だ
ビタミンウォーターを販売している
今度はヘルシー志向の
自社ブランド商品を製造したい
ボブ・イエイツ
ボブにうちの商品を
流通してもらえれば突破口になる
大手流通業者の取扱いは初めてだ
コロラドはうちのターゲット市場だし
3分の1とはいえ
15万ドルは大金だ
うまくいくといいけれど

数カ月後
これまでで
一番いい商品ができた
ここの設備は素晴らしい

ジョージ
この工場が商売の要だ
ピッツバーグに
引っ越してくれるかな
(サーフィンの)波は最悪
だけど…まあなんとか
やってみるよ
CLING
CLING
CLING
CLING

数カ月後
ボイラーがやられた
数日で修理できるといいが

数週間後
今日は工場を
動かせない…狩りの
シーズン初日なんだ
えっ？
みんな狩りに
出てる

生産に必要な稼働期間は30日間だけだった
売上を増やさなければ1日5000ドルの赤字になる

ほかに注文は？

業者はもっと生産しろと脅してくるが
前回の支払いもまだなんだ

まだ生産は
増やせるけど
もう在庫は充分だ

ナンタケット・
ネクターズは
どうだ？
前回の商品が
気に入らなかった
みたいで

配送した商品が
間違ってたんだ
それはまずいな

当然だな…前面がミントで
後ろはアッサムのラベルを
貼って出したことがあった
MINT
LABEL
ASSAM
LABEL
品質管理を
なんとかしないと

工場に賠償させるわけにいかない
自社工場だから
あぁ…自社工場の
悲哀だな

どう
今日も稼働なし
また5000ドルが飛んだ
来月の家賃を払うにはどこかから
資金を引っ張ってこないと

## 27. 取締役選び

2000年頃には
会社らしくなってきた

日々の生き残りより
先行きを考える段階に
なっていた

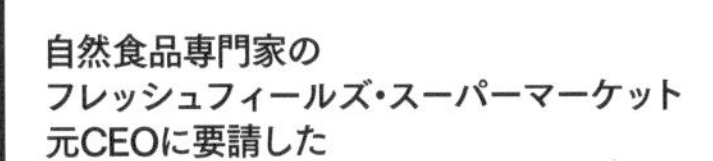
自然食品専門家の
フレッシュフィールズ・スーパーマーケット
元CEOに要請した

永遠に自分が所有するつもりでブランドを
作らないとだめだ　未来の選択肢を
狭めるような判断をしないように

ブランドにとことんこだわること
パッケージから電話の待ち受け音楽まで
すべてがブランド使命を表すことを忘れずに

顧客の信頼を損ねたり
使命にそぐわないことを
したら終わりだ

## 28. ティーバッグ

小売店がオネストティー・ブランドのティーバッグの販売を求めていた

売上とブランドを同時に拡大するチャンスだった

だがどうやったら今以上に良質な商品を作れるのだろう？

ティーバッグを大きくすればいいと僕たちは簡単に考えていた
そこで2000年に紐もホチキスも使わない100%紙製の特大ティーバッグを発売した
女性用の避妊具にもホルンにも似ていると言われた
見かけはともかく味は最高だった…しかも一袋25セントの低価格だ
紐もホチキスもついていないので電子レンジで温めることができ生分解性だった

バージョン1.0

尻尾の部分をコップの
縁に引っかける

ボトルをデザインしてくれたスローン•ウィルソンに
ティーボックスのデザインを依頼した

原料を目立たせるためパッケージの側面に
ティーバッグのレントゲン写真を載せ
茶葉の写真を上面に載せた

SIDE

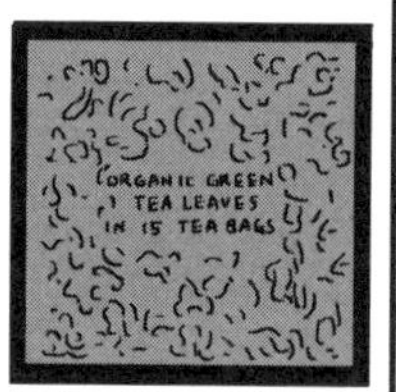


TOP

持ち運べるようにティーバッグを
ひとつひとつラッピングした
中身を見せたかったので透明なビニールに入れた

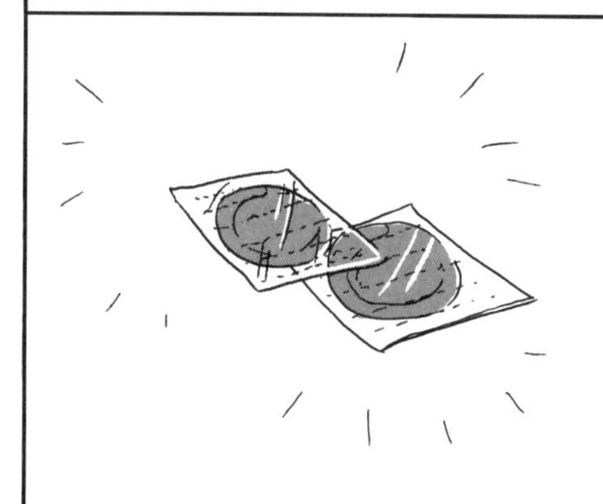

だがハサミがないと開かないのが問題だった

透明なビニールを諦めて
紙製の外袋に替えたがまた問題が発生した
外袋を開けるときにティーバッグも
一緒に破いてしまうのだ

そこで外袋を大きくすることにした
だが…今度はボックスに入らなくなった

そこで外袋を諦めティーバッグを
円筒形のカンに入れることにした
するとティーバッグを持ち運びにくくなった

カンは見栄えがよかったが箱より材料を多く使う
そこで再利用の方法を消費者に考えてもらった

ティーバッグの製造パートナーとの協業はうまくいかなかった
頻繁に品切れを起こしその度に言い訳していた
僕たちはいいかげん頭にきて結局普通のティーバッグとボックスに切り替えた

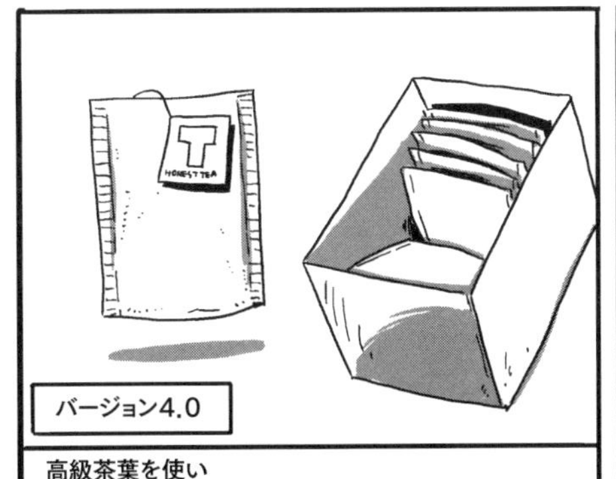


高級茶葉を使い
ホチキスも紐もないところは以前と同じだったが
他社と比べて際立った特徴がなくなってしまった

カートンの底部にミシン目を入れて
ティーバッグを取り出しやすくしたが
箱が弱くなり積みにくくなった

あまりにもデザインの変更が多すぎて小売店に愛想を尽かされた
商品はよかったが結局パッケージの問題を解決できなかった

しかも…
ライバル会社からも丸ごと茶葉入りの
ティーバッグが発売された
彼らのプラスチックの
ティーバッグは生分解できなかった
僕たちにはいずれにしろ無理だった
彼らは差別化に成功していたし
透明の外袋も開けやすかった
もう100万ドルも投資しているが
6年たっても35万ドルしか
売上がないな
父がむかし話してくれた
ロシアの医者と患者の
話を思い出す
胃がきりきり
痛むんです
3日間絶食
してみなさい
まだすごく
痛みます
1週間寝ないで
まだ痛いです
1週間食べ物は
レモンだけ
もっといろいろ
治療法を試した
かったのに
これが最初の商品
でなくてよかったよ
そうだったらもうとっくに
倒産してる
だが…もし社運が
かかっていたらなんとか
解決したはずだ

# 29. ビジネススクールでは教えてくれないこと

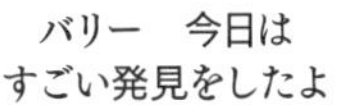

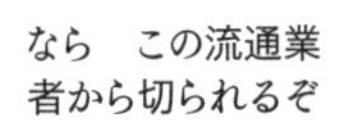

# 30. 解雇

僕たちは営業チームを構築し始めた
グルメコからメラニーを引き抜いて自然食品小売店の責任者にした
業界のベテランのボブを採用して食品卸と流通業者を担当してもらうことにした
最初はうまくいっていたが…1年もすると変化が現れた

さらに数カ月後
ハートフォードの卸屋
から支払いがないんだが
君が次の注文まで
支払わなくていいと言った
そうじゃないか？
まさか

でも他にもそう言ってる顧客がいるぞ
このままだと君にいてもらえなくなる
すみません

妻が子供と一緒に
出ていったんだ
それは…

浮気してた
大変だな
家族ぐるみ
の友達と

なんだって？
妊娠してるんだ

それは気の毒に…僕になにか
できることがあるかい？
もう少し落ち着くまで
待ってもらえませんか

わかった

だが…時間切れになった
ボブはまだ大変
みたいなんだ
こんな時に
クビにできないよ
2人しかいない
営業マンの片方を
遊ばせておく余裕は
こっちにもない

もしクビにするなら
退職金を出さないと
どのくらい？
4カ月でどうだろう？

多すぎる　去年の冬に
注意して今年の6月にも
書面で警告しただろう
一度は改善したんだが…
またアポをすっぽかすように
なってしまった

2カ月分
君が自腹を切るならいい
だが株主の金を
使うわけにはいかない
売上が計画の340万ドルを
下回るとなればなおさらだ
それでも72%の
成長ですよ

だが200%成長を
約束したんだ

申し訳ないが
縁がなかったようだ

幸いボブはやり直せた
前妻が再婚して新しい土地に引っ越すとボブも子供たちの近くに引っ越した
その後、高級食品卸の業界で成功している

# 31. ニューヨーク進出

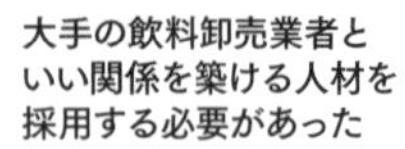

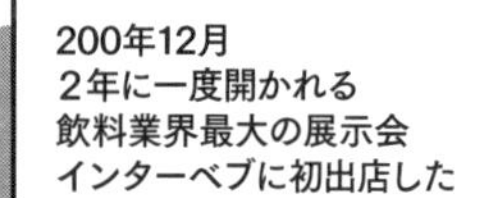

ニューヨーク最大の独立系飲料卸
ビッグ・ガイザーの社長の名は
アービン・ハーシュコウィッツ
通称「H」と呼ばれている

彼は自分だと
気づかれないよう
名札を裏返して
ブースを回っていた

ブラック・フォレストベリーをどうぞ　原料がすごくおいしいんです　そのまま食べられるんですよ
悪くないな
munch

奥様はさすがに味がおわかりになりますね
これはおいしいわ

妻じゃないよ
あ…お友達でしたか

お仕事をお聞きしてもいいですか？
ニューヨークで飲料卸会社をやっているんです
うん…これは面白いな
まだ時代に早すぎるかもしれないが
だが今までにない商品だ

なんと！
噂の「H」だ！

御社で流通していただくにはどうすればいいでしょう？

ニューヨークで知名度を上げるには
1本1本大事に売っていくしかない
無名ブランドがチェーンスーパーに
一気に入ることはないんだ
店をひとつひとつ回って地道に売らなければ
NYC

ビッグ・ガイザーとの
取引が決まった！

アービン・「H」・ハーシュコウィッツ
1940年-2011年
僕たちを信じてくれてありがとう

# 32. 流通のプロ

僕たちは少しずつ前進していった
ダンはニューヨーク北部、バーモント、サクラメントの
飲料卸業者を開拓してくれた
といっても…山あり谷ありだった
ダンはこれまでの取引関係を
清算しなければならなかった
コネチカットの
ブルースは
どうなってる？
数カ月前に注文した
きり支払いがないし
電話にも返事がない
オネストティーを販売してますね
どこから卸しているか
教えてもらえますか？
ブルースから販促で
3ケースごとに無料で
1ケースもらったわ
Convenient St
うちの商品を卸して
もらうのはありがたいが
代金を支払ってくれ
いま小切手帳が
ないんだ…オフィス
に置いてきた
わかった…時間は
あるからオフィスまで
行こうじゃないか
半分は支払わせたよ
これ以上は無理だな
危ない業者は
切った方がいい

NEW YORK
MASSACHUSETTS
CONNECTICUT
NEW HAVEN
MARYLAND
BETHESDA
ダン　いまだにニューヘイブンに流通業者がいなくて恥ずかしい　インターネットで見つけた業者に連絡してくれるかい？
NEW HAVEN
オネストティーのダン・カヴァナーと申します　御社のご商売について伺いたいと思いまして
もちろん　来週の水曜はどうですか？
ありがたいです　取引の可能性についてお話しできたらと思っています
こちらの体制はしっかりしていますよ
それは素晴らしいですね　もうどのくらいご商売を？
５年目になります
どの地域をカバーしていらっしゃいますか？
フェアフィールド郡とその周辺です
NEW HAVEN
素晴らしい　その地域の引き合いがすごく多いんです
あなたが責任者ですか？
まあ…そんなものです　他にどんな商品を扱っているか教えてもらえますか？
PROSPECT HILL
EDGEWOOD
NEW HAVEN
WEST HAVEN
商品って？
ええ…どんなブランドを扱っていらっしゃるか　レッドブルとかアリゾナとか
なにかお間違えかと？
スモール　ワンダーズさんですよね
DAY CA
ええ　そうですけど

ニューヘイブンはさておき…
本社のあるボルチモアとワシントン地域で
流通業者を探す必要があった
セブンアップやスナップルやビタミンウォーターを卸している
カナダドライ・ポトマックがこの地域最大手の業者だった
どう攻める？
諦めないだけさ
やあ フィルは
いるかい？
はい…数時間で
戻ります
ロビーで待た
せてもらっても
いいかな？
OH!
オネストティーを
よく見かけるよ
流通はどうしてるんだい？

チーズやコーンビーフや石炭の
卸屋さんに頼んでいるんです
飲料卸売会社と取引できれば
すごくチャンスが広がるんですが
私個人は取引したいんだが
上司のディック・ウルフを
説得してほしい…ディックは
炭酸一筋でオネストティーの
ファンじゃないから
ディックに何度も
電話したんですが
お返事をいただけなくて
GOOD
LUCK!
わかった
諦めるな

ディックさん
こんにちは

またか　フィルから話は聞いてるが
スナップルのライバル商品は
取り扱えないよ

…

2年後
ディックは先月引退して
僕が責任者になった

やってみよう

だが喜ぶのは早いぞ
卸すのは4種類
契約は永久だ
それは
ありがたい
はずだけど…

## 33. 分離型ラベル

ボトルを小売店の棚で目立たせたかったが
角瓶は金型にカネがかかりすぎた
そこで普通のぐるりと巻きつけるラベルではなく
前と後ろで分かれたラベルをデザインした
$180,000

僕たちは分離型ラベルが気に入っていた
ワイン風で高級感があったからだ

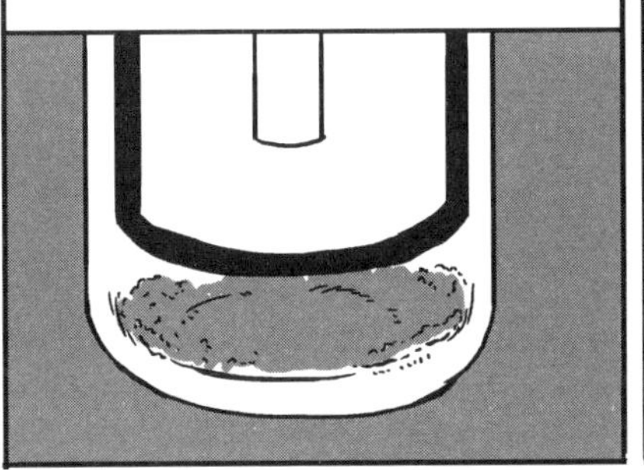
他の紅茶系飲料と違って中身が見えたので
茶葉の澱が浮いているのもわかった
しかし分離型ラベルは高くついた

ニュージャージーの工場にボトルを送って
ラベル貼りをしなければならなかった

煮出しと飲料詰めの作業は改善したが
そこで節約してもニュージャージーへの
輸送とラベル貼りと再送の費用で消えてしまう
表と裏のラベルを
貼り間違えることもあるし

スリーリバーズ工場を購入した時に
ラベリング装置を持ち込んだ
新品には手が届かず中古装置で手をうった

この工場では
毎分200ボトル生産できる
そりゃすごいな
だがラベル貼りが
毎分120ボトルしかできない
そこで詰まるってことだな

そう…調子が悪いときは
2本に1本しか貼れない
故障するとすべてが止まる
セス　どうにかしないと
部分オーナーなんだから
故障のせいで1時間
あたり500ドルの
追加費用がかかる
輸送費節約のため西海岸でも生産する必要に迫られた
カリフォルニアで分離型ラベル貼り設備のある
ボトリング工場を見つけたが生産速度はさらに遅かった
先週は毎分60本だった
それに故障が絶えない

-$
-$
-$
-$
-$
-$
-$
-$
-$
-$
あの時金型に18万ドル
投資していたほうが結局
安くついたかもしれないな
$180,000

分離ラベルは機械の故障や
貼り損じで金食い虫になってる
どうにかしなくちゃ
巻き付けラベルで
分かれているように見える
デザインを考えてもらおう
受付のマンディーを
憶えてる?
ああ
産休中にグラフィックデザイン
を勉強してたんだ
彼女に頼んでみた
ST TEA
HONEST TEA

分離ラベルほどの
インパクトはないな
でも年間10万ドルの
節約になる
なら決まりだ

## 34. 無料広告

僕たちは広告に割くお金がなかった
だからマスコミの記事が無料広告になった
幸い「教授と教え子の立ち上げた会社」ということで話題になった
ニューヨーク・タイムズは一面に長い記事を載せてくれた
ワシントン・ポストにも取り上げられた

Business Day

The New York Times

経営:「二人でお茶を」

2000年8月2日
コンスタンス・ヘイズ

たっぷりの天然水を使って
茶葉を伝統的な方法で煮出し
砂糖とカフェインを極力控えたお茶

消費者がとびつくような商品には思えない
マーケティングもほとんどしていない
テレビCMや有名人の起用もなし

だが幸運か実力か
オネストティーが小売店の棚に並ぶと
消費者はその違いと健康志向にひかれた

Tea by Two

商品自体もメディアの注目を集めた
健康雑誌や食品雑誌やファッション誌にも取り上げられた
(ファッション誌は売上にはつながらなかったが…)

Men'sHealth

健康志向ナンバーワンの茶系飲料は?
「オネストティーのハニー・グリーンティー
カテキンたっぷりで甘さ控えめ」

FOOD&WINE

アメリカ最大の商品ランキング誌
「オネストティーは弊誌のランキングで1位に輝いた
非ダイエット飲料のカテゴリーで最も低カロリーの飲料だ」

オネストティーはテレビにも取り上げられた

業界紙でも記事にしてくれたが
見返りを求められることもあった

無料マーケティングに頼るなら
ルイ・パスツールのこの言葉を肝に銘じること

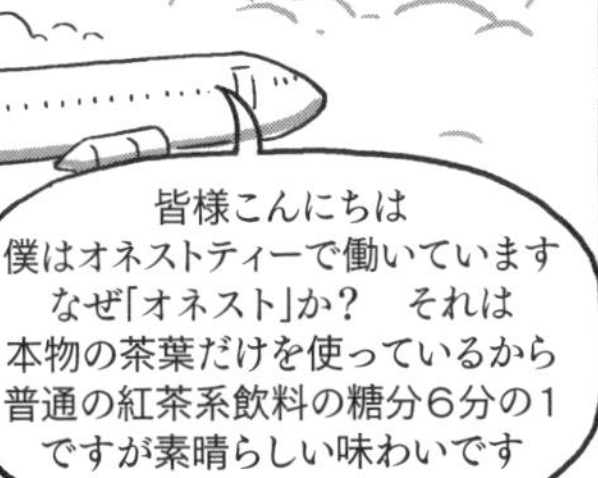
ワシントンD.C.からの格安航空便で
アテンション・プリーズ
異例ではございますが乗客の皆様の前で
インターンのジェイクが営業プレゼンの
練習をさせていただきます
SOUTH WEST
皆様こんにちは
僕はオネストティーで働いています
なぜ「オネスト」か？　それは
本物の茶葉だけを使っているから
普通の紅茶系飲料の糖分6分の1
ですが素晴らしい味わいです

カリフォルニアでヨガ合宿

オプラ・
ウィンフリー！
OPRAH！

オプラにあげる商品を
よく持っていたね？
彼女が来るって知ってたの？

知らないけど…
いつも商品を持ち
歩いているから

オプラの制作会社のルイーズです
オプラが気に入ったので
注文したいのですが
シカゴでは売ってなくて
すぐに送ります！
数カ月後
RING
RING
RING
HONEST TEA
JAKARTA GINGER
THE OPRAH MAGAZINE
ジャカルタ・ジンジャー
がオプラのお気に入り
リストに入ったわ！
すると今度は別の問題が発生した
EST TEA

セス様 バリー様
D.C.でオネストティーを飲んだのですが
私の近所には売っていません
大ファンなので取り寄せたいのですが
いくらかかってもかまいません
もし送っていただけないと
ノイローゼになりそうです
GET OUT
OF THE
CAR!
オネストティーが
やみつきになって
配送トラックを
強奪してしまいそうです
…助けて
HELP!
THE HONEST TEA
SHIPMENT JUST
GOT STOLEN!
STOP!

## 35. 売上保証

2000年には73%成長を遂げ先行きは明るかった
さらに拡大のため資金が必要になった

投資家ミーティング

では保証できますか？
目標に達するなら
適正価値だけど
そうでなければ投資家を
保護してもらわないと
つまり売上未達の場合には
投資家の株数を
増やして埋め合わせる
ということですね
それなら乗った
弁護士として
保証は認められない
だが保証しないと価格を
下げなければならない
それに我々の持株比率が
希薄化する

2001年は最悪の年だった
なんて
ことだ
The New York Times
不況入りは確実です
NASDAQ

9.11の同時多発テロのあと僕たちは160万ドルの資金調達を終えた
2001年も70%近く成長し320万ドルの売上を記録したが
保証した700万ドルには遠く及ばなかった
結局自分たちの持株から12万5000株を投資家に譲渡することに…痛い失敗だった

# 36. 工場閉鎖

2001年10月2日

本日のトップニュースです オーラ・ポテンシーフルーツパンチという飲料に名前通りの大変なことが起きました

フワン・サンチェス・マルケスという男性がパンチを飲みほそうとしたところ数センチ大の男性器の一部を発見…

サンチェス氏の一部でないことは警察が確認し…

サンチェス氏によると…「おいしいけど…もう飲みたくないね」

ネットでも大騒ぎ
になってる

もし自分の一部だとしても
名乗り出ないだろう
それでは捜査が進まない

セス　まずいことになった
キングスーパーが商品を撤去した
オーラ・ブランドは
コロラド全域でリコールだ

だれかが訴訟目的でわざと
仕込んだ可能性は？
ある…だがいずれにしろ
うちの工場は
生き残れないかも

証拠は見たか？
実物はないが警察が
写真を送ってくれた
転送するよ

うそだろ…

死体の一部？
犠牲者？
動物？

2日後
シールの切れ端にカビが
増殖して…男性のアレ
みたいな形になったようだ
カビ？

ひと安心だが
カビはいただけない

いつかこの事件を笑って
思い出せる日がくるさ
もっと悲惨じゃなくて
よかったと思おう

オーラ・ブランドはもうだめだ
リコールと工場閉鎖の
費用は相当に痛いな
RIP
ORA

それより…本物のアレ
じゃなくてほっとした
オネストティーじゃ
なくてよかったよ

## 37. 悩ましい価格設定

商品価格はどう決めるんですか？
3段階で決めるまず小売価格と我々のコストの関係だ

小売価格を1ドル39セントとするとスーパーの取り分はその3割卸売価格は1本97セントになる
$1.39 x 70%
= $0.97

スーパーの利益率は2%だと思いますが
家賃や人件費や電気代などを含めると全体ではそうなるだが通常小売価格の3割がスーパーの取り分だ


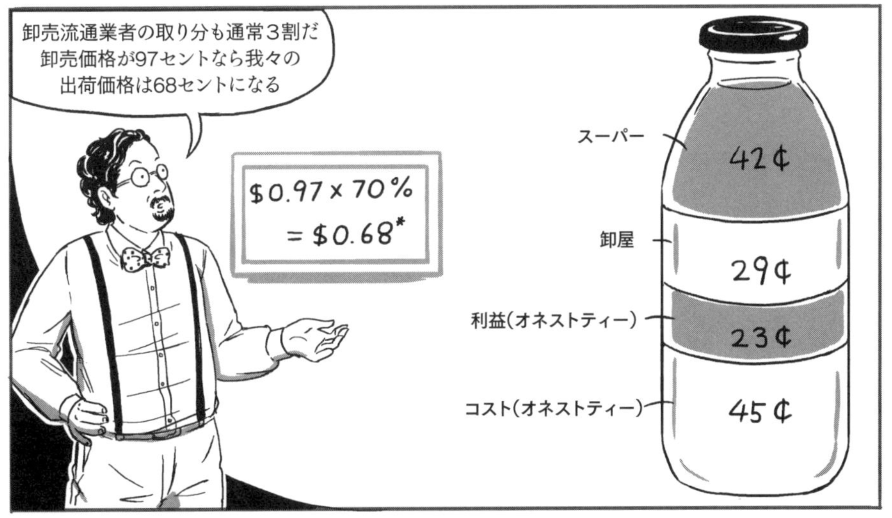

卸売流通業者の取り分も通常3割だ卸売価格が97セントなら我々の出荷価格は68セントになる
$0.97 x 70%
= $0.68*
スーパー
42¢
卸屋
29¢
利益（オネストティー）
23¢
コスト（オネストティー）
45¢

小売り価格は出荷価格の
倍以上になりますね
68¢
23¢
45¢
その通り
68セントが
1ドル39セント
になるんだ

小売価格はどう
決めるんですか？
まず商品の市場の
ポジショニングを決め
それに基づいて価格を決める

ですが1ドル39セントが
適正だとどうして
わかるんですか
それが次の段階だ
価格を上げると利益率と
売上がどうなるかを
考えなければならない

出荷価格を１セント上げると卸値は
1.5%増の69セントになり
我々の利益は23セントから24セントに
増える…つまり４%増だ
1¢
23¢→24¢

じゃあ価格を上げる
ことに賛成の人は
手を上げて
3分の２ぐらいか
HMMM...
ABOUT TWO-THIRDS
OF YOU.

私は反対です
売上にブレーキが
かかるわ
小売価格は
２セント上昇します
1¢
1¢
1¢

そうかな…1ドル41セント
じゃ切りが悪いから小売店は
10セントほど上げるんじゃないか？
9s
99¢ $1.09 $1.19 $1.29
$1.39 $1.49

通常なら売上成長は67%だが
価格を上げると60%になり
利益も下がってしまう
1.67×$0.23 ＞ 1.60×$0.24

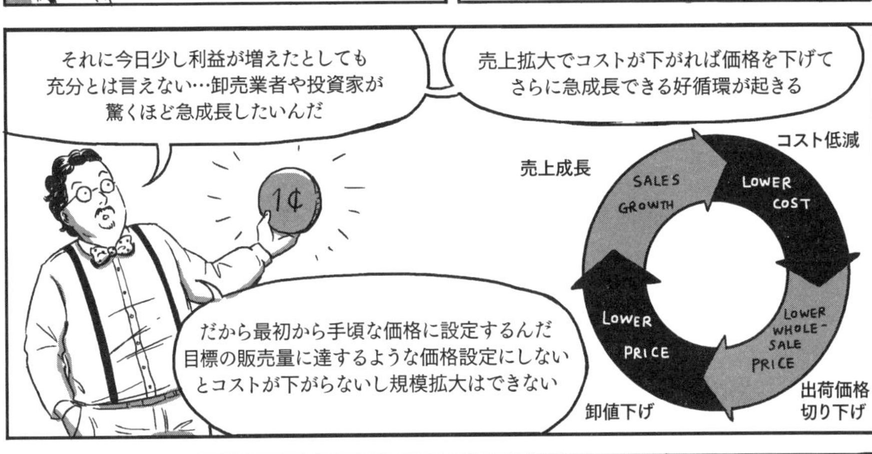
それに今日少し利益が増えたとしても
充分とは言えない…卸売業者や投資家が
驚くほど急成長したいんだ
売上拡大でコストが下がれば価格を下げて
さらに急成長できる好循環が起きる
1¢
売上成長
SALES GROWTH
コスト低減
LOWER COST
LOWER WHOLE-SALE PRICE
出荷価格
切り下げ
LOWER PRICE
卸値下げ
だから最初から手頃な価格に設定するんだ
目標の販売量に達するような価格設定にしない
とコストが下がらないし規模拡大はできない

小売店や卸売業者のマージンは
なぜ固定されてるんですか？
1本あたりで利益をとればいいのに
経済学の授業で習いました
二重限界性の問題ですね
3割マージンは一般的な慣行だ　そうすれば
メーカーは値上げに慎重にならざるを得ない
出荷価格を上げれば小売価格は
その倍の値上げ幅になるわけだから
売上減を恐れてメーカーは値上げできない
実際には卸売業者が間に入るから
三重限界性になる
×3

3割マージンは我々にとっては不利だ
小売店はスナップルの販売で30セント取り
オネストティーからは42セント取るが
棚のスペースは同じなんだ
99¢
S
30¢
$1.39
T
42¢
小売店主だったらどうします？
10% +20¢
マージンを一律3割じゃなくて
1割プラス1本20セントにする
そうすればスナップルの小売価格を
99セントに抑えられるしオネストティー
を1ドル29セントに下げられる
そうすればオネストティーに
有利になるからでしょう
Lowest PRICE!
Sale
小売店はオネストティー
1本につき2セント多く
儲けられるからこっちを
売るインセンティブになる
DING!
$ $ $
2¢
more
メーカーより卸屋の方が
いい商売じゃないですか？
商品を流すだけで1ケース
3ドル50セントの儲けになる
いい
ポイントだ
クエーカーオーツもそう思ったから
スナップルを買収した　その立役者になった
ベンチャー・キャピタリストのトーマス・リーが
昨年この教室に来て説明してくれた
HI, EVERYONE!

1994年にスナップルは24本パックを
6000万ケース売り上げた　クエーカーは卸屋を抜けば
1ケースにつき3ドル50セントの節約になると考えた
ゲータレードはそれでうまくいった

すると税引き前で2億1000万ドル
税引き後で1億2600万ドルの利益増
DCFでは12億6000万ドルの
節約になりますね

まさしく…だから17億ドルの
買収価格は適正だと思われた
節約分を差し引くと賞味4億4000万
ドルで買収できたのだから

だが流通業者の仕事がただ商品を
運ぶだけだと思ったのが間違いだった
優秀な業者は小売店のスペースを
ライバルに取られないよう確保できる
SALES
YEAR
クエーカーは
流通コストを
大幅に削減できたが
売上は低迷した

スナップルの顔だったハワード・スターンをお払い箱
にしたのもまずかった　2年半もしないうちに
クエーカーはスナップルを3億ドルで売却した
CEOのビル・スミスバーグはクビになったよ
QUAKER

流通業者(とブランドの顔)
をお払い箱にすると
裏目に出ることもある

## 38. 理性の勝利

Salad B
オネストティーが
冷蔵されてない
冷蔵ボックスで冷やして販売してほしい
オネストティーは人気商品ですよ
わかって
ますよ
冷蔵ボックスに入れてたん
ですが…昼までには売り切れて…
また入れ直しても今度は冷えない
うちに売れてしまって
苦情が来るんですよ

ばかげてる
上司が知ってたら
クビになってるはずだ
売れすぎるから
冷蔵が追いつかない
ってことですか？
そうです
数日後
新しいオネストティー専用の
冷蔵ボックスです
これで大丈夫
完ぺき！
HONEST TEA

# 39. 新たな投資家と取締役

2001年のドタバタのあと2002年のはじめには先行きが明るくなってきた
カナダドライとの取引も本格化し地元での流通が強化され
ニューヨークではビッグ・ガイザーとの取引で目覚ましい結果が出始めていた
New York
CANADA DRY
HONEST TEA
売上は70%で伸びていたが利益率は25%を下回り
常に資金繰りに悩まされていた


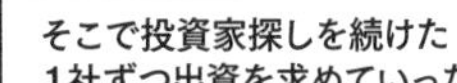

そこで投資家探しを続けた
1社ずつ出資を求めていったが実際に投資してくれるのは
5社に1社だった…セスは効率を上げようと
投資家のグループに話を持ちかけることにした

妻がオネストティーの大ファンなんだ
北バージニアの会員制クラブ
テクノロジー投資家の集まり

だが友人がドットコム会社を立ち上げるのでね…事業の内容はよくわからないが資本構成が単純なんだ

投資家カンファレンス　CSR投資家との集まり
2001年の売上が320万ドルなのに企業価値は1300万ドルだと？

2002年度は760万ドルに届く見込みです
ですから企業価値は売上の2倍です
ペプシによるソブ買収価格は売上の2.2倍でした
それに我が社はまだ伸び盛りですよ

その目標はちょっと高すぎないか？
評価も高すぎる　1000万ドルより
下の評価なら投資を考える
それに優先株がいい

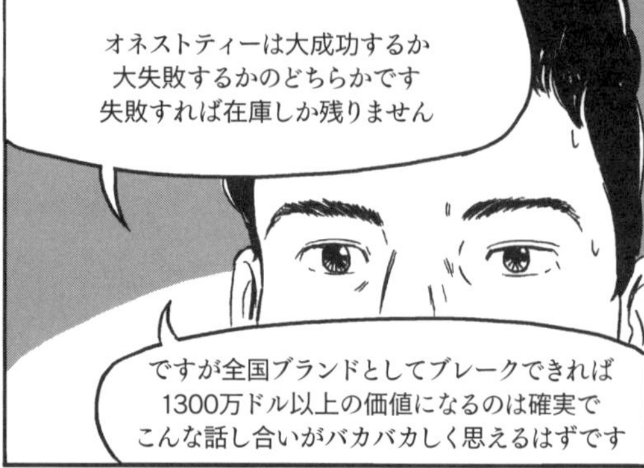
オネストティーは大成功するか
大失敗するかのどちらかです
失敗すれば在庫しか残りません
ですが全国ブランドとしてブレークできれば
1300万ドル以上の価値になるのは確実で
こんな話し合いがバカバカしく思えるはずです

幸運を祈るよ…私はドットコム企業に投資する
だが進展を教えてくれ
大手投資家が参加したら私も考えるよ
大手投資家の参加後じゃなくて
…いま助けが必要なのに
セス 調子はどうだい？
上々です　自然食品部門の
ベストセラー商品になりました
北東部のホールフーズでは
未販売なのに
ゲイリー・ハーシュバーグ
うちの自然食レストランでも
よく売れてるよ…商品がいいから
妻はコミュニティー・グリーンを手離さない
それはうれしいです
投資家にもそう思って
もらえるといいのですが
ああ…資金調達
はどうなってる？

難航してます
商品は褒めてくれますが
小切手は切ってくれません
ちょっと話さないか
ダノンがストーニー
フィールドの40%を
買収したんだ

すごいな
おめでとうございます!
ありがとう　交渉に2年かかったよ
私が支配権と株式を維持できることになった
今後のダノンの事業機会を
見つける役目にもついた

僕たちは150万ドルの
調達を考えてるんですが…
ベンチャーキャピタルは支配権を
求めてますし評価額も低いんです

単なる金融投資家は絶対にやめた方がいい
ストーニーフィールドが出資できるか
どうか考えさせてくれ
そうなったら
すごいな

もしうちが出資するとしたら
できる限り持株比率を増やしたい
私と妻も個人的に出資するよ
取締役に就任させてほしい　私と同じ過ち
をしないようにアドバイスしたいんだ
光栄です

それからホールフーズ北東部の
バイヤーにも連絡しておこう
オネストティーを置かなきゃ
損だってね

ゲイリーとダノンが評価を行っている間に
別のいい話も持ち上がっていた
自然飲料部門で投資機会を見つける
ために富裕層に雇われています
会っていただけますか？
ロス・コルバート
もちろん　飲料業界に
詳しい方ですか？
先代がペプシの流通業者を
始められた方です
pepsi
ロスはロングライフ・ティーの
資金調達にも雇われているんだ
本来ならそちらと私を結びつける方
が簡単だったはずだが
市場分析の結果…
オネストティーがトップブランド
だとわかったんです
ティム・テニー
ありがとう
ございます
最低50万ドルを出資して取締役になりたい
自然食品の市場にも詳しくなりたいし
投資先を管理したいので
ゲイリーとティムを取締役に迎え出資が完了し僕たち
は本業に戻ることができた…ゲイリーがホールフーズ
のバイヤーに声をかけてくれたことも奏功した
いい知らせだ
北東部でオネストティーを取り扱うことにした
他の地域での売上が好調だったからだ
これからはホールフーズで全国的に販促するよ
WHOA!
2002年夏の繁忙期を迎える頃にはやっと
追い風を感じられるようになっていた

# 40. 新フレーバー

2001年
東部自然食品展示会
南アフリカの生協から
ハニーブッシュっていう
ハーブを売りたいって
連絡があった
ルイボスのこと？　だったら
シナモン・ゴールドラッシュ
の中に入ってるよ
HONES

ルイボスじゃない
同じ種類だけど
味はやさしいんだ
なら考えてみよう

こんにちは！
エルトンとダウイ
です
HI!
HONEST

これは新しい味だ
おいしい
のど越しがよくて
自然の甘みがある
米国政府の補助金で南アフリカの
農民が生協を作って土地を買い
商業用のハニーブッシュの
耕作を始めたんです

耕作地はどこ
ですか？
オランダ領だった
ハーレムという
地域です

ハーレム・
ハニーブッシュと
名付けよう
糖分を加えずこのまま
の甘さで売り出そう

地域生協の仕組み
についてもっと
知りたいです
現地にいらして
ください

だれに会いに
いくの？
新製品用の
ハニーブッシュを
作っている南アフリカの
パートナーだよ

もう25時間も
飛行機に乗ってるよ
電話で話せないの？

電話には時々しか出ない
メールもないんだ
ファックス機は1台だけ
信頼を築くには
顔を合わせないとね
お前が一緒に来てくれて
うれしいよ　その方が
僕のことを知ってもらえる

ケープタウン

テーブルマウンテンだ
素晴らしい景色だな
あそこに
登りたい！

ジョナ
待って
わぁ　すごい眺めだ

翌日ダウィと
この生協は
新生南アフリカの象徴です
アパルトヘイト時代には
ハーレムの農民は白人農家のもとで働くしかありませんでした

しかも定期的な仕事があったのは
農民の2割だけ…それが今では
それぞれ1ヘクタールの土地を
所有し耕作しています

ラングルーフへ
ようこそ

まずエブリン
おばさまの
ところに
coca cola

おばさん
なの？
みんなに尊敬
されてる人だ
コミュニティの
リーダーで生協を
支えている人だよ

いらっしゃい

さあ
行きましょう
見学させて
くれるそうです

ここで耕作する前は野生の
ハニーブッシュを摘んでいました

鮮やかな黄色の花が目印でした
1トン摘むのに2～3人がかりで
3日かかっていました
一度に20キロ運ぶのが限界だったので
蛇のいる険しい山道を
何度も往復していたんです

現在は畑で耕作機械を使って
摘みますから同じ量を
2時間で収穫できます
有機ハーブの認証も
受けています

どうした？
ラグビーしてて怪我しちゃった　みんな裸足だから僕も裸足になったんだ

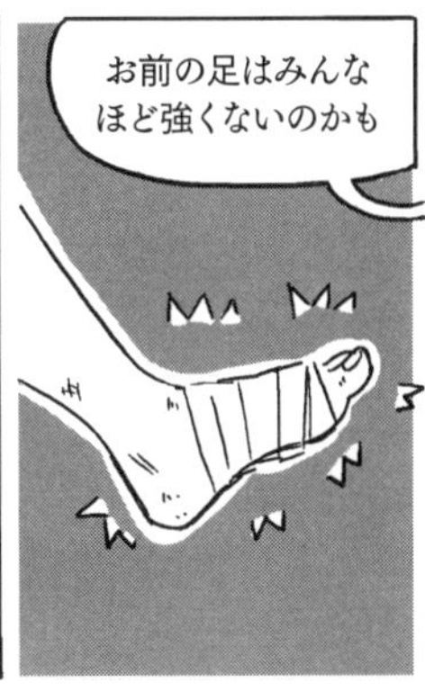
お前の足はみんなほど強くないのかも

バイバイ　ジョナ
ハーレムに来たアメリカ人の子供はお前が初めてだそうだ

ベセスダ本社
ハーレム・ハニーブッシュの初出荷が終わったぞ
HONEST TEA
HAARLEM HONEYBUSH
すごくいい協力関係ができた地元画家にラベルの絵を描いてもらったし
ひとつ問題が
う〜ん酸っぱくなってる
茶葉がカビ臭くなっていたのね
新製品がこれじゃまずいな次の出荷では改善されるはずだが…この提携はすごく重要なんだ
それでなくても消費者に馴染みのない味ですよ大問題だ

数カ月後
HONEST T
ハニーブッシュは聞き慣れない名前だし…ハーレムというと自然のイメージから程遠いな
ハーレム・ハニーブッシュばかり売れ残ってるな
売れ行きのいいフレーバーのスペースを奪ってるわ
HONEST TEA

消費者は南アフリカの農民のことなんて気にかけないのか
私たちのマーケティングが悪いのよでもその前に最高の味にしないと

まずはカビのない原料を使うところから
少し甘味を加えよう

数年後
ゴジベリー入りポムグラナタ・レッドティーが自然食品業界のトップ10飲料になったわ
ハニーブッシュを諦めなくてよかった
CAFFEINE-FREE
HONEST TEA
POMEGRANATE RED TEA
WITH GOJI BERRY
JUST A TAD SWEET
名前は変えたが以前より大量のハニーブッシュを購入できるようになった

## 41. 販売インセンティブ

営業コンテストはいいアイデアだ
私もそれについて
論文を書いたことがある
いや…
実際にはそれほど
うまくいきませんよ
IHOP
チョコレートチップ
パンケーキにしよう
こっちも
あとコーヒー

卵２個とパンケーキ
にベーコン
小型パン
ケーキは
あるかい？
私はストロベリー
パンケーキ

次はだれがボーナス
をもらう番だっけ
前回はお前
だったから今回
は俺がもらう
２位は俺だ
100ドル
もらうぜ
じゃあ
決まりだな
！

出来レースじゃないか！

もしまともにやったら
大口顧客を握ってる営業マンが
いつも勝ってしまう
他の営業マンは
やる気にならないよ

ほとんどの会社は営業マンを重く
見てないが…彼らこそ大切なんだ
どこでなにが売れてるか
どうやって売り込んだらいいかを
一番知ってるんだから
君が僕の先生だ

## 42. オーガニック認証

最初の商品は有機サトウキビを使っていたが
茶葉はオーガニックではなかった
野菜を洗った水を飲む？
SIP!
飲まない
エコ・プリマティーのアヌパ・ミューラーCEOが
オーガニック茶葉について教えてくれた

出荷前には茶葉を洗わないから
煮出したとき初めて洗浄されるの
だから野菜を洗った水を
飲むのと同じことよ
そうか
茶葉に使われた
化学薬品が煮出され
ているわけだ
それを
飲んでるって
ことだ

オーガニックとは消費者を
化学薬品から守るだけじゃない
茶摘みの労働者の健康のためでもあるの
化学薬品に胸までつかっているから

生態系を守り　生物多様性を
維持することにもなるわ
なるほど
まさしくそうだ

1999年に僕らは世界初のオーガニック紅茶飲料を発売した…ファーストネイション・ペパーミントだ
それを皮切りにすべてのフレーバーをオーガニックにする挑戦が始まった
歩みは遅く簡単にはいかなかった　茶葉の量や値段が合わないこともあった　レシピを変えたこともある
2002年10月…事を急がなければならなくなった

じゃあモロッコ・ミントを
オーガニックにするには
どうしたらいい
有機のガンパウダー茶葉
はあるが…有機の
ペパーミントオイルはない
PEPPERMINT
OIL

ベストセラー商品の
レシピを変えたくないわ

2週間後
味はどう？
おいしい
どうしたの？

オーガニックのペパーミントと
スペアミントの葉を使ってみたんだ
コストは少し上がるが
100%有機だし味もいい

ラベルの邪魔にならず
シールを目立たせる必要があった
これならキャップ
を開けるとき
必ず目につく
USDA
ORGANIC

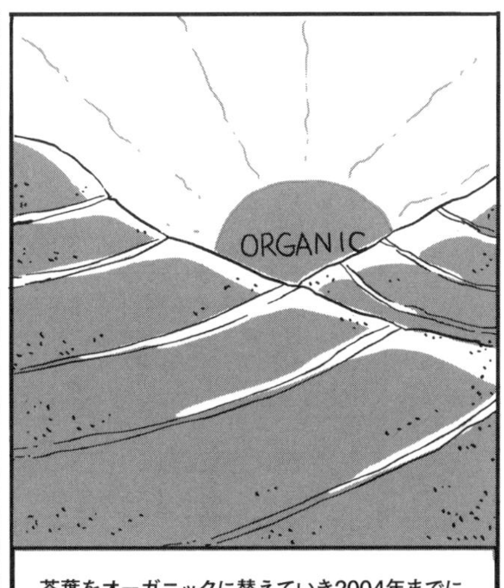
ORGANIC
茶葉をオーガニックに替えていき2004年までに
すべてのフレーバーをオーガニックにできた

## 43. ワニのキャラクター

2002年にラベルデザインのコンテストを開いた
ブラックティーにレモンを加えた新しいフレーバー
のラベルだ　あるデザインが僕たちの目を引いた
Tの文字の中にソブ・ブランド（飲料）のワニを描いた
ラベルだ　デザインしたのはジョン・ベロだった

# 44. ほんのり甘め

自然食品の店舗では絶好調ですが
普通のスーパーやデリでの
売上はいまひとつです
2003年 オネストティー取締役会

ボトルの形がスナップルに
似ているので同程度の甘さを
期待した消費者は裏切られた
気持ちになるようだ

もし水のかわりだと思えば
期待を裏切らないだろう
消費者にきちんと認知して
もらう努力をしないと
H2O
HONEST TEA
T

スーパーの
消費者の期待を
見誤らないように

ストーニーフィールドのヨーグルトを
以前は果汁で甘くしていた
だがコスト高で砂糖に替えたら
ファンの怒りをかってしまった
Stonyfield
SUGAR

だが価格を下げたら
売上が上がったんだ
甘味料の種類は
重要じゃなかった
Lower
PRICE
Stonyfield

うちはペプシの流通をやってきたが甘い飲料の方が確実に売れる
DISCONTINUED
50% off
企業使命はわかるが…商品の動きが悪いと自然食品店だけに限定されてしまう

それに他にもオーガニック飲料が発売されているわニッチの中のニッチで終わる危険もある
ORGANIC TEA
SWEETENED
TAZO
LONG LIFE
HONEST TEA
JONES ORGANIC

ジェフどう思う？
私はこのままの味が好きだがもう少し甘みを加えてもブランドの使命を損なうことはないだろう

じゃあ次の生産で砂糖を小さじ1杯から2杯に増やしてみようそれで消費者の反応を見るんだ
×2

HONEST TEA
T
ラベルに「ほんのり甘め」と表示しよう
よし完ぺきだ

## 45. 社内の敵

フォーチュン誌の撮影で
そっちに向かってる
工場は片付いてるよね
あぁ…今はロングライフ
(ライバル企業)の飲料を
生産してるけど
午後4時

そう言ってたな
濃縮液か粉を
使ってるのか?
いや
茶葉を煮出してる

え? どうやって
その製法を?
うちのシステムを
使わせてあげてる
工場の採算をとるためだ

なんだって? どうして
僕に言わないんだ!?
僕が設計を
手伝った
システムだから

カネを払ったのはうちだ
ライバルに教えるため
じゃないぞ

工場の採算だって苦しい
潰れないように努力してるんだ
システム料としてうちに
1ケースにつき25セント
払うよう頼んでみよう
断られたら?

人員削減
しかない

ロングライフにはもっとやられてしまった
ジョージは間もなくロングライフのコンサルタントになり
…その後CEOになった

2003年6月 高級食品展示会
伊藤園？
ITO EN
SETH

日本の最大手緑茶飲料メーカーで
アメリカに参入してきたばかりだ
無糖茶飲料を作ってる
私には
ちょっと苦いな
SETH

本庄？
同じ名前の株主がいるぞ
YOSUKE HONJO

あ…私ですが
ITO EN

日本の緑茶飲料メーカーとの
橋渡しをしてくださるはずでしたが
ご本人だったんですね

持株を売却
してください

## 46. テトリー

2003年には有名ブランドから
声がかかるようになった
大手企業と提携すれば僕たちの流通が
強化できるとの期待が膨らんだ

テトリーって
どんな会社？
ティーバッグの大手だよ
学校や病院や刑務所も
お得意様だ

最近インドの
タタに買収された
ミスタータタも
ブランドネームを
考え直したらしいな

HI!

御社の展開に
注目していましたよ
素晴らしい商品ですね
ありがとう
ございます

弊社もティーバッグから
ボトル入り飲料に
展開したいんです
私たちに
なにができる
でしょう？
ICE TEA

うちはバイヤーや小売店とのつながりが強い
御社には商品力がある…わたしたちが
手を組めばボトル入り紅茶飲料で
市場トップに立てます

流通面で手を組むのは
やぶさかではありませんが
会社を売却する気は
ありません

本当に？

もちろんです…昨年は50%成長しました
今年の売上は600万ドルを
超える見込みです
まだまだ成長できます

考え直した方がいい
もし売却しないなら
うちが参入してお宅を叩き潰す

もし売るとしてもあいつらには
売りたくないな
ライバルとしても心配いらないよ
私たちもティーバッグで苦労した
彼らもボトル飲料で苦労するはずだ

## 47. ピーチ、ペンギン、フェアトレード

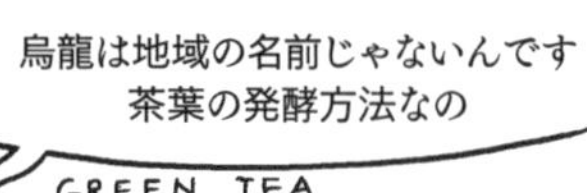

とうとう本物の紅茶飲料を見つけた
茶葉の澱が瓶の底に舞っているのを
見たときこれだと思ったよ

もうこれしか飲めない
よくここまでがんばったな
感動したよ

バークレー・Bより

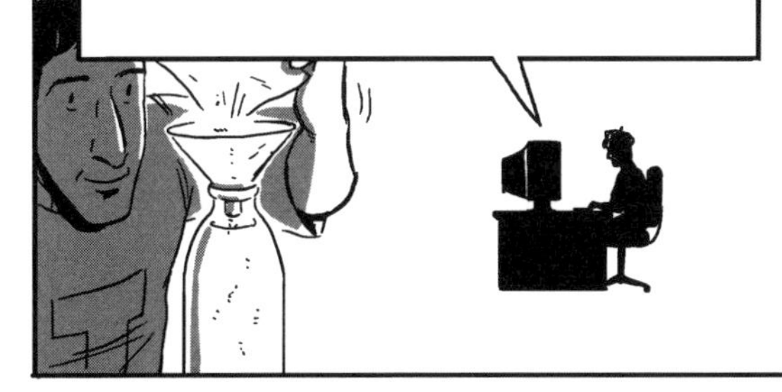

やあバークレー　すごい新製品ができたんだ　もしよかったらラベルのイラストを描いてもらえないかと思って
オーケー　どんなフレーバーだい？チャイ系ならTの中にペンギンのキャラクターを入れるのはどう？
今回のはピーチ烏龍系なんだ
面白いね　株式と交換で引き受けよう　少し甘味を加えてもらえないかい？僕はいつも甘味料を少し入れて飲んでるんだ
TAP TAP
わかった！
TAP TAP
いいね！　でもペンギンがちょっとエッチな感じかな？葉っぱの部分が誤解を招きそうだ
桃を持ってるからなおさらね
葉っぱを少し移動させてもらえるかな？
HONEST TEA
PEACH OO-LA LONG
JUST A TAD SWEET
2003年に発売したピーチ烏龍はすぐに自然食品部門のベストセラーになった　それから８年かけて28種のフレーバーすべてにフェアトレード認証を受けることができた

# 48. ガラス混入事件

2店のホールフーズから
連絡があったわ
ボトルの中にガラスが
混入していたらしいの
お客様に怪我は
なかった？
2003年夏

なんてこと
でもガラスの破片が大きくて
飲み込む心配はなかったそうよ
どうしてこんなことに？
わからない
とにかく調べなくちゃ

なにが原因
なんだ？

沸騰した飲料をガラス瓶に
注ぐ時にヒビが入るんだ
190°F
CRACK

ガラスの破損はわかるが
品質管理はどうなってるんだ
10'
ボトルにヒビが入ると
ラインを止めてその前後
数本も含めて破棄している

それに割れたガラスが
他の瓶に飛ばないよう
シールドもつけている
じゃなぜ破片が
混入したんだ？

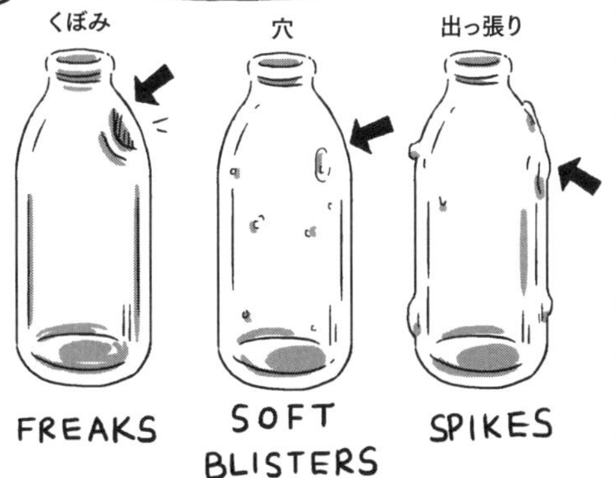
6月に品質不良のボトルを受け取った
他に在庫がなかったので仕方なくそれを使ったんだ
それでひび割れや破損が多く発生した
くぼみ
穴
出っ張り
FREAKS
SOFT
BLISTERS
SPIKES

POP

いずれにしろ
今のままじゃだめだ

炭酸飲料用の圧力式注入器も
良くない　速度は速いが
割れて弾ける危険も大きい
CRACK
POP

引力式注入器が必要だ
スピードは劣るけれど
割れても破片が
飛び跳ねない
今すぐ引力式を
導入しよう

その資金がない
$
だが
やるしかない
ホールフーズからはスリーストライク
で退場させられるルールよ
これでツーストライク目だわ

6月に生産した商品はすべて
ホールフーズから回収だ
言いにくいけれど
ホールフーズだけじゃなく
全店舗から回収しないと

（後日談）僕たちと同規模の飲料メーカーでも同じような欠陥ボトルで同じ問題が発生していた
彼らは商品を回収せずまもなく倒産に追い込まれた

## 49. プラスチックボトル

競争はかまわないが
仲間内での競争はよくない
ライバルから棚のスペースを
奪われないように集中しよう

卸売業者には自分のブランドだと
思ってもらう必要がある
ガイザーには重複アカウントは
1割だけだと説明したが
担当者からクレームがくるはずだ

やはり
オネストティーのファンなんだ
我々の力でニューヨークの
トップブランドにできる
だが独占契約が欲しい

別の問屋が卸している商品を100%
サポートできない…しかも割引で
売られているとなればなおさらだ

本社にて
ガイザーに独占契約を
結ばせなければ自然食品店
以外には拡販できなくなる
でも自然食品問屋を切る
わけにいかないわ…私たちに
とって最大の流通業者だし
全国に商品を卸してくれてる

ガイザー向けに別の商品
ラインを作ったらどうだろう？
NEW
PRODUCT

スポーツ飲料ボトルより肉薄でガラスみたいな外見だが重さは7分の1なんだ

2004年に僕たちは人気フレーバーを新しいプラスチックボトルで新発売した…だが予期せぬ消費者の混乱や不満を招いてしまった

そこですぐにプラスチック専用の新しいフレーバーを開発した
ヘブンリー・ハニー・グリーンは大ヒット商品になった
ビッグ・ガイザーらの直販卸業者は破損が少ないプラスチックボトルを気に入ってくれた
その後大手直販卸業者もやっと僕たちと取引してくれるようになった

「何がいちばん大変でしたか?」とよく聞かれる。実を言えば全部大変だった。資金調達、製造、ボトリング、ラベルのデザイン、マーケティング、採用、解雇、販売。もし簡単なら、だれかがすでにやっていたはずだ。もし簡単なら、ティーバッグでも成功していただろう。

とはいえ、学者出身の私にとって、一番大変だったことが2つある。ひとつはオペレーション、つまり製造と流通だ。もうひとつは人間関係だ。この点を理解していない人は多い。

## オペレーション管理は特に難しい

私たちは高級茶葉の仕入れには惜しみなくコストをかけたが、オペレーションには充分に投資しなかった。優秀なオペレーションの専門家を雇うのに10年かかった。もっと早い段階で責任者を入れ替えるべきだった。だが私たちにはそれがわからなかった。

この失敗は、オペレーション責任者に払う給料よりもはるかに高くついた。欠陥商品を出し、売上を失い、評判は下がった。ラベルの貼り違い、2003年のガラス混入事件、茶葉のカビ、欠陥ボトルといった製造問題で少なくとも100万ドルを失った。また不安ながらも品切れを避けるため市場に出した商品も、我が社の評判を傷つけた。欠陥商品を買った消費者は二度とオネストティーを手にとらないだろう。

ミスは重なるものだ。欠陥ボトルが1%あっても99%には影響ないと思うかもしれない。私もそう思っていた。だが凹みのあるボトルだけが小売店の棚に残る。すると凹みのあるボトルがすぐにディスプレーの中の2割を占めるようになり、消費者はオネストティーを欠陥商品だと見なし始める。顧客は欠陥ボトルを避け、売上は減速する。

まもなくディスプレーの半分を形の悪いボトルが占めるようになる。つまり1%の問題が100%の問題になるのだ。

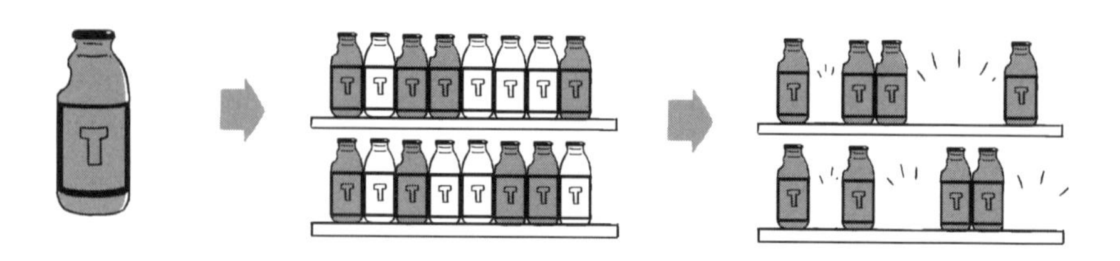

**ひとつの変更がすべてに影響を与える。**私はアイデアマンとしていつもちょっとした改善のアイデアを出していた。だが思ったようにいかない場合が多かった。ラベルの材料を変えてみると、皺やよじれが出てしまった。軽いボトルにすると、以前のラベルが合わなくなった。調整には時間がかかる。クリエイティブな人間はいろいろといじりたがる。オペレーションの人間はルーティンを繰り返したがる。ルーティンをいじれば思ったよりはるかにコストがかかることになる。

**新規事業に軽々しく手を出してはいけない。**ティーバッグ事業は失敗だった。だが本業のボトル飲料については集中を切らさなかった。今振り返ると、ティーバッグ事業には手を出さないでおくか、もっと詳しい人に投資するかすべきだった。

**ゆっくりと拡大しよう。**起業家は急拡大を望み、あらゆるチャンスを利用しようとする。私たちはロバート・ブラウニングのこの言葉を肝に銘じている。「人間は手の届く範囲に甘んじてはいけない」。起業家は(学者もまた)大きく考え、自分の限界を広げなければならない。だが、流通に関しては、それは間違っている。

2001年、全国的な書店チェーンのバーンズ・アンド・ノーブル併設カフェに商品を置いてもらえることになった。既存の地域では、私たちは知る人ぞ知るブランドになっていた。だが未開拓の地域では、わざわざ本屋で私たちの商品を試しに買ってみようという消費者はいなかった。しかし、新たな地域で消費者に商品を届ける手立ては他になかった。ニューオリンズその他の地域では書店から250マイル以内に流通業者はいなかった。

書店の店舗ごとの売上を計算すると、オネストティーは失敗だとわかった。そこで私たちは撤退した。成長機会をものにできないのは痛かった。流通が整うまで待った方がはるかに良かったということだ。

## 人間関係も難しい

私はゲーム理論家として、相手のものの見方を理解することを勧めている。他者の立場に立ってどうするかを考えるのだ。当然ながら、これは言うは易し行うは難しだ。特に相手の価値観がまったく違っていればなおさらである。

**人間はばかなことをする。**それは人の常といってもいい。顧客の問題を解決する方法を考えなければならない。商品の売れ行きが良すぎていつも品切れを起こしている小売店のバイヤーをクビにしたくなる。だが、それで売上が上がるわけではない。大きなサイズの冷蔵ボックスを店舗に置けばいいのだ。

**バイヤーを理解するのは思ったほど簡単ではない。**バイヤーは最終消費者ではない。流通業者であり小売店の商品責任者だ。私たちが売り込む相手は彼らだ。彼らは経験豊富でたいてい批判的だ。成功の鍵を握っているのは自分だとそれぞれが思い込んでいる。その上、甘さ控えめな飲料を欲しがる消費者などいないと信じ切っている（ある大手チェーンのバイヤーはモルモン教で紅茶類を飲む習慣がなく、オネストティーとライバル商品の違いをなかなか理解できなかった）。

オネストティーはこういう人たちには向かない商品だった。取締役会と営業チームはもう少し大衆路線寄りを推し、9 ～ 17キロカロリーだった商品を30 ～ 40キロカロリーに軌道修正した。それでもバイヤーは気に入らなかったが、そういう飲料を好きな消費者もいるかもしれないと思わせることはできた。

## 避けられた失敗

今振り返ると、違うようにしていたらと思うことが多い。2001年に投資家に売上を保証しない方がいいと弁護士から助言された。あの時きちんと警告を受けたのに、どうして耳を貸さなかったのだろう？

失敗の原因をよく考えてみることは重要だ。私たちは高い企業価値を掲げ、投資家に反論されたために売上を保証せざるを得なかった。

では高すぎる評価額を掲げたのはなぜだろう？ 欲のせいではなかった。それは起業家特有の楽観性によるものだ。私たちはいつも高い目標を掲げすぎ、それに達することができなかった。

毎年50%成長している時に正確な予測など無理だと言い訳することもできる。新しい取引先や問屋の拡大で売上は成長していたが、彼らを取り込む速度は思ったよりも遅かった。それにしても、私たちがつねに楽観的すぎたことは否めない。

ではどうして軌道修正できなかったのだろう？ なぜなら大胆な目標を掲げることが自信につながっていたからだ。楽観性は野心と一体だった。ジョン・マッケンローが言うように、「星に届けと願って必死に頑張れば、月までは行けるだろう」。目標に届かない時でも、自分と投資家を興奮させ続けるほどの成長を達成することはできた。

あの時、売上を保証してしまった本当の原因は、客観性を失っていたことだ。スタートアップを率いるにあたって大胆な目標を掲げることが望ましいと思っていたのだ。だが、私たちは冷静さを欠いていた。弁護士が客観的に警告してくれたなら、それに耳を貸すべきだ。

だが、私たちの最大の失敗は売上予測でも製造問題でも人間関係でもなかった。戦略がぶれたことだった。本業以外に気をとられたのだ。ティーバッグ事業とボトリング事業が現金とエネルギーを奪い、本業の売上やブランド構築に向けるべき注意をセスから奪っていた。

どうしてそうなったのだろう？ ティーバッグ事業の場合には、簡単に儲かると思い込んでしまった。消費者が求めていたし、営業も売れると思っていた。より良質でこれまでにないようなティーバッグを開発できるとも考えた。だが、簡単なことなどなにもないということを忘れていた。なにか新しいことをする時はなおさらだ。

工場の問題はそれよりも複雑だった。リスクを予期しなかったわけではない。難しいことはわかっていた。私たちは工場の運営に精通していたわけではないし、障害があることも予想していた。では、なぜ工場を買収したのか？ 目の前の問題を解決するためだ。それは生産ラインを確保し(繁忙期に)、製造の実験をすることだった。マーケティングに成功しても生産能力が需要に追い付かずに失敗してしまうのではないかと怖れていた。その致命的なリスクを避けるための解決策が、別の問題を生み出すことになった。

今になって考えると、元の工場に余分にお金を払って生産してもらった方がはるかによかった。彼らの注意を引くには、私たちはあまりにも小さすぎた。2万5000ドル程度の支払いを約束していれば、彼らの工場で生産できたはずだった。問題はわかっていたのに、解決策が間違っていたのだ。

時にはひとつの間違いが次々と間違いを引き起こす。スリーリバーズ工場を買収していなければ、茶葉の煮出し製法をライバルに盗まれることもなかった。私たちは工場の採算をとるために競合他社に工場を使わせなければならなくなってしまった。工場は赤字を垂れ流していて、投資家から大きなプレッシャーがかかっていた。それでも、社内が結束すれば乗り越えられたはずだった。ライバル商品を製造することは多少の利益になったし、うちの工場を使わせていなくてもいずれはライバルが参入したはずだ。それでも、もしうちの煮出し設備を使わせなければ、ライバルが良質の商品を作ることはできなかっただろう。それは確かだ。本物の茶葉を煮出す工法を完成させるのに、何年もかかったのだから。

とはいっても、私たちはそれほど愚かなわけではない。ここでは失敗ばかりを強調してきた。同僚のシャロン・オスターはいつも、人間は成功より失敗から多くを学ぶと言っている。だから失敗を読者の皆さんと共有している。

失敗や成功のすべてをここに公開することはできない(たとえば、「ボストン・ティーパーティー」と銘打ったイベントを開いたが、だれも来なかった)。もしもう一度やり直せたら、はるかに少ない資金で、もう少し早く500万ドルの売上に達することができるだろう。

私たちが失敗を乗り越えて生き延びることができたのはなぜか? 情熱があったからだ。私たちを信じてくれた投資家がいたからだ。私たちが大局を正しく理解していたからだ。いくつかの致命的な失敗を犯さなかったからだ。会社の支配権を危険にさらさなかったからだ。そして商品の純粋さを守ったからだった。

この6年間を振り返ると、当時は見えなかったが今は明らかな教訓が2つある。

## 売上がなにより大切

売上がなければなにも始まらない。環境を重視し、オーガニックな商品とフェアトレードを使命に掲げる私たちのような会社でさえ、大量の飲料を売りさばかなければ、社会にインパクトを与えることはできない。

では、売上をあげるには、素晴らしい商品を開発する以外にどんな方法があるのだろう？

学歴では商品は売れない。人が商品を売る。トップ営業マンの多くは大学も出ていないが、彼らはコミュニケーションの方法を心得、どうしたら重要な意思決定者の信頼を勝ち得るかを知っている。飲料戦争のむかし話、子育ての経験、アメリカンフットボールの知識など、すべてが個人的な関係の構築に役立ち、ひいては業績につながる。

初期の頃、あるMBAホルダーの営業マンが地域別の売上予想を分析した綿密なスプレッドシートを作ってくれた。だがスプレッドシートは現実ではない。この「営業マン」はコンピュータにかじりついていて、あまり外に出ていなかった。スプレッドシートに売上予想を描くのは簡単だが、だれかがその予想を実現しなければならないのだ。

オネストティーの社員は、会計士も含めて全員、年に少なくとも数回は営業に出ることになっている。

**流通、流通、流通。**これまでにないようなネズミ取り器を開発したら、世界中から引き合いが来るだろう、とラルフ・ウォルドー・エマーソンは言った。しかし、それより重くてガラス製のものなら、自分で家まで持って帰れないかもしれない。IT起業家にはこの問題はない。だが、そうでないすべての企業には流通業者が必要だ。

問題は、流通業者がこちらを必要としないことだ。しかも売れている商品でなければ、彼らは新しいブランドを取り扱おうとしない。たまごが先か鶏が先か、という問題だ。売れていなければ、流通業者は欲しがらない。だが流通業者がいなければ売上はあがらない。

ではどこから始めたらいいのだろう？ 幼い頃からレッドソックスファンだった僕が学んだことが、起業初期の困難な時期を乗り越える助けになった。レッドソックスが教えてくれたのは、次の３つのことだ。

**あるものはなんでも使う。**2004年、レッドソックスはあと３アウトでアメリカンリーグの優勝を逃す寸前まできたが、ぎりぎりのところでなんとか生き延びた(14回にオルティーズがサヨナラヒットを放った)。飲料の流通業者に見向きもされなかった僕たちは、チーズやコンビーフや石炭の流通業者を使って、小売店の棚に商品を届けていた。本物の飲料流通業者１社との取引が始まると、ほとんどの流通業者が取り扱ってくれるようになった。

**いつか必ず春はくる。**起業家はつねに失望や障害を乗り越えなければならない。最初の数年間、私たちは小売店にも流通業者にもレストランにも投資家にも、とにかくあらゆる相手に断られ続けた。ほとんどの人は10回も拒絶されると諦める。しかしレッドソックスファンの僕は、「ノー」と言われても、それは「今はだめ」という意味だと思っていた。カナダドライ・ポトマック(流通業者)に４年間通い詰め、断られ続けたが、いつもなにかに望みをつないでいた。諦めないこと(ただのストーカーだと言う人もいるかもしれないが)でなんとか試合をつないでいけた。レッドソックスファンは向かい風にあってもへこたれず起き上がる術を身につける。カナダドライ・ポトマックの経営者の交代が僕たちの成功のきっかけになった。だが、それまで諦めずに扉を叩いていたからこそ、そのチャンスを掴むことができたのだった。

**ニューヨークで勝つ。**レッドソックスファンは、ニューヨーク・ヤンキーズ戦が優勝の鍵になると知っている。オネストティーが全国ブランドになるためには、ニューヨークで認知される必要があった。ニューヨークでは売上より多くの金額をここに投資したが、その見返りはあった。流通業者にブランドの人気を知ってもらうには、ニューヨークに連れて行って直接それを見せるのが一番だ。もっとも競争の激しいこの場所で成功できたことで、他の都市の流通業者も取引してくれるようになった。

赤字覚悟でフラッグシップとなる小売店に魅力的な割引を与えれば、販売を加速させることができる。その小売店が味方になり、流通業者に取引を勧めてくれることにもなる。

## 余裕をもって資金調達を

余裕がありすぎてもだめだが、現金が底をつかないように充分な資金調達を行わなければならない。現金に余裕がないときには、出費に細かく目を光らせるものだ。だが、余裕があるときにも、同じだけの注意を払う必要がある。

初期のいちばんお金のなかった頃に、僕たちは予期せぬ出費に苦しめられた。

**売上を回収できないこともある。**代金を支払わない人がいると知ったときには、本当に驚いた。会計の授業で習ったことは一体なんだったんだろう？「不良債権」という言葉は知っていたが、はじめてそれを経験したときはショックだった。警官こそ呼ばないが、追いはぎにあったような気分だったし、実際同じことだ。訴えることはできるが、お金がかかるしほとんど回収できない。それよりも本業に集中した方がいい。商売が拡大すると大手流通業者と取引できるようになり、未払いの問題もあまりなくなったが、はじめのうちは本当に大変だった。売上の１割は未回収だった。生産設備で経験した問題と同じだ。商品を市場に出すにはどんな流通業者とも取引せざるを得ないが、それが頭痛の種にもなる。

**現金に目を光らせる。**オペレーションの計画とキャッシュフローが一致していることを確かめなければならない。利益だけでなく、銀行にいくら現金があるかということだ。売上が伸びても倒産することはある。財務諸表上は黒字でも、給料を支払う現金がない場合もあるのだ。成長スピードが速いほど、手元現金は減り、売掛金が積み上がり、在庫にかけるお金が必要になった。

まずはキャッシュフローを予測すること。そしてそれをどれだけ引き延ばせるかを考える。サプライヤーへの支払いを30日から60日にすることは、無利子の融資を受けるようなものだ。地元の銀行を使えば、小切手を郵送するより現金をはやく引き出せるようになる。

金がないのは障害にならない。
アイデアがないことは障害になる
ケン・ハクタ(※)

※ アメリカでタコのおもちゃを流行させた仕掛け人
　オネストティーの投資家でもある

資金不足は障害とはかぎらない。金欠だったことや売掛を回収できなかったことは、僕たちのためになった。使える資源が限られていたので、創意工夫して目標を達成するしかなかった。朝のワイドショーに出演して宣伝する資金はなかったので、マーケティング責任者のパトリック・ジャメットは知名度を上げる別の手立てを考えた。朝の3時にトゥデイショーのスタジオ前に行き、司会のマット・ラウアーと有名女優のゲストスターとのインタビューに映りこむ位置に陣取ったのだ。

自分からチャンスを創るのは金がかかるが、たまたま目の前にやってきた機会を活用すれば安くつく。ボーイスカウトでは「抜かりなく準備せよ」と言われるが、起業家は常にサンプルを鞄に入れて持ち歩くべきだ(もちろん商品がすごく大きなものならわかるが、それでも写真やビデオを見せることはできる)。もしオプラ・ウィンフリーに遭遇したら、そのチャンスを活かさない手はない。

お金があり過ぎると愚かになる。商売を知るまでは、お金があればあった分だけ失敗してしまう。当時は自分たちのやっていることが全くわかっていなかった。幸運にも、自然食品店で商品を発売できたし、新しいものを探していた消費者は不完全な商品でも(多少は)大目に見てくれた。小さなローカル市場から始めたことで、失敗も小規模に留められた。

僕たちのストーリーに戻る前に、もうひとつ語っておきたいことがある。ビジネススクール時代は、経営者さえ優秀なら部下をクビにする必要はないと思っていた。だが急成長企業は必ず過ちを犯すものだし、優秀な人材でも会社に合わないこともあれば、残念だが会社の成長についていけない人も出てくる。今でも社員を解雇したくはないが、僕は徐々にそれがうまくなってきた。痛みをむやみに先送りにするより、はっきりと決断する方が、会社にとってもその社員にとってもいい。

今考えても、よく生き残れたものだと思う。レッドソックスファン同様、自信のある起業家とは、負け犬であることを居心地よく感じられる人間だ。僕たちは、僕らの売上の1000倍もマーケティングに費用を投じている大企業に立ち向かっていった。一晩で夢がかなうことはないし、途中に障害も待っている。しかし、いつか必ず春が来ることを、僕たちは知っていた。

**セスへ　「オネストティーは最高だ」**

**カール・ヤストレムスキー**
**(ボストン・レッドソックス)**
**1989年　殿堂入り**

# III　ブランド確立　2004-2008

## 51. マカイバリへの旅

セス　ご家族と一緒に
マカイバリに来て　ここで
烏龍茶を育てているのよ
ニューデリー

お茶畑はどこ？
ここじゃないよ
離れてるんだ
すごい人混み

DARJEELING
ダージリン
インドの人たちはのんびり
してるように見えるけど
運転は荒いな

マラリアの
予防薬で気持ち
悪くなっちゃった
わたしも…
あとどのくらい？
ダージリンの丘
標高2000メートル
HONK
HONK
あと50キロ
もうすぐだよ
AAH
POTHOLE！
2時間後
着いた！

いらっしゃい
ラジャです
MAKAIBARI TEA ESTATES
AHHHHH
息子のジョナはベジタリアンなんです
今は家族全員ベジタリアンに
なりました
動物の剥製は私たちの歴史の一部
大切な地球からのいただきものだ

この農園は私の先祖が
1859年から経営してきた

私はイギリスの大学に行き
西洋の生活に慣れ
インドに戻ってくるつもりはなかった
父はそんな私を心配していた

だが不思議なもので
ある日農園の近くで馬に
乗っていたとき

突然イノシシが飛び出してきて
私は馬から振り落とされた

地面に投げ出されて動けなくなった
私は誓いを立てた
もしもう一度歩くことが
できたら…これまでと違う
人生を送ります

その誓いを守った
マカイバリをインド初の
有機農園にしたんだ
そして世界初の
フェアトレード
茶畑にした
地球から奪うの
ではなく…地球を
敬っているんだ

それはいいことだけど…
トラの剥製はちょっと…

マカイバリは
自然の奇跡だ
普通の紅茶農園は森を開墾して
お茶だけを植えている
すると効率は良いがひとつの種だけが
支配すると周囲の環境すべてが変わる
多様性が失われ
生態系が壊され
干ばつや害虫に襲われる
ひとつの種目だけ訓練する
アスリートが怪我を
しやすくなるようなものだ

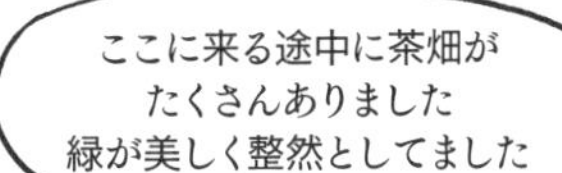

ここに来る途中に茶畑が
たくさんありました
緑が美しく整然としてました

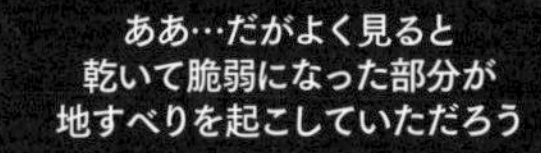

ああ…だがよく見ると
乾いて脆弱になった部分が
地すべりを起こしていただろう

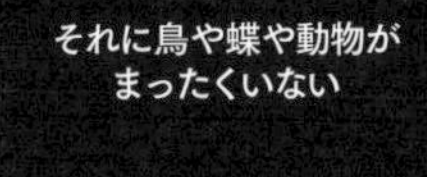
それに鳥や蝶や動物が
まったくいない

マカイバリには多様な生物が生きている
土地の3分の2は熱帯雨林と天然植物だ
さまざまな動物と植物が共生している

虫もだな

ここで新しい種が
発見されてもおかしくない
ほら…茶葉に擬態する
昆虫もいる

これまで飲んだ中で
最高のお茶です
みんなそう言ってくれる
最近キロあたり
391ドルで売れたんだ
新記録だよ

そのあと
ELIE — ARE YOU DONE WITH THE SHOWER?
YEAH, MOM!

AHHHHHH!!!
HEY!

こっちにおいで
私のシャワーの中にも1匹いるよ毎朝迎えてくれるんだ

私が彼の邪魔をしなければ彼も私を邪魔しない
SALUTE!

オネストティーのおかげで従業員の子供たちのためのコンピュータ学習室が作れた

そんなことしたらアメリカの子供みたいにだめになっちゃう家の中でパソコン画面を見てるよりも自然の中に出た方がいいよ

子供たちのほとんどは茶摘み労働者の子孫なんだ
茶摘み以外の人生を求める権利がある
チャンスをつかむには教育しかないインターネットやコンピュータに触れる機会はここしかない

マカイバリの多様性への取り組みは
有機農法を一段上のレベルに押し上げている
オネストティーの使命をますます強く感じたよ
ここで採れた
ピーチ烏龍が好調なのは
きっとなにかの運命だ
運命って？
正しいことをすれば
きちんと見返りが
あるってこと
インド最終日
マカイバリの自然の
美しさに比べれば
タージ・マハルは
どうってことないな
CHEESE!

# 52. モデルT

僕たちはそれまでに
さまざまな営業車を
使っていたが
どれもピンとこなかった

一番はじめは
緑のドッジ・キャラバンに
ティーボトルのステッカーを
２枚貼っていた

配送車としては十分だったが
高級飲料の営業車
という感じはなかった

東海岸の試飲会ツアーのために
大型RVを借りた（2001年）

安物買いの銭失い
結局ホテルに泊まることになった

新しい配送車をハーレム・ハニーバスと
名づけたがブランド自体の知名度が伸びなかった
この車は1シーズンしか持たなかった（2002年）

配送だけでなくブランドを体現するような
営業車が必要だった

実用的じゃない
50ケースは積めるものじゃないと
プリウスはせいぜい20ケース止まり
ハイブリッドの
アメリカ車はないかな？
フォードがハイブリッドの
小型SUVを開発しているらしい
新聞記者の兄が
開発責任者を知ってるよ
Ford
じゃあ連絡してみよう
割引してもらえるかも
ダメモトで聞いてみるか

どこに行くの？
フォードの
偉い人に会いに
デトロイトに行く

大人になっても車はいらない
みんなが自転車に乗れば環境に
いいしガソリンも使わずに済む

そうだね…でも飲料を自転車で
持ち帰ったときのこと憶えてる？
OOPS

荷物を運ぶために自動車が
必要になることもあるんだよ

我が社は自然食品業界における
御社のアンバサダーになれます
私たちのファンは御社が狙う消費者層です

国中の数多くのイベントにこのバンで参加します
映画祭やロードレース…コンサート…
大手の自然食品チェーンにも行きます
環境志向や健康志向の消費者向けに
試飲会も数多く行っています

それはいいが…オネストティー
なんてだれも知らないん
じゃないか？
3.5 million
VEHICLES
7.8 million
BOTTLES
規模は小さいですが自然食品市場
では知名度はあります
昨年は780万本を売り上げました

新しい方法で御社の
ターゲット顧客に訴求できます
「モデルT」なんてどうでしょう？

数カ月後　カリフォルニアで開かれた
ロハス・カンファレンスにて
フォードとオネストティーに何のつながりが
あるのかと思われるかもしれません
全く接点がなさそうですよね

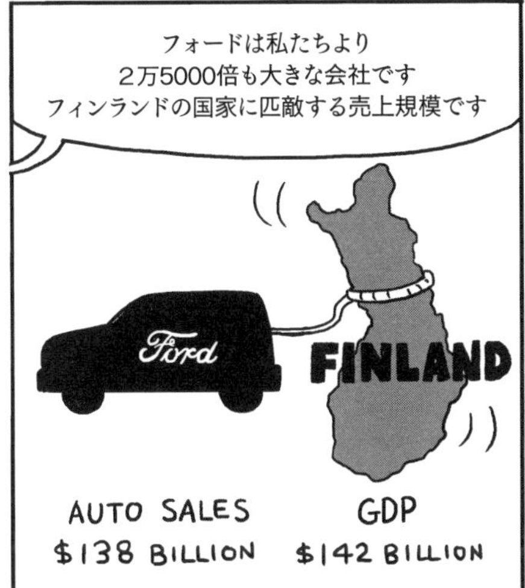
フォードは私たちより
2万5000倍も大きな会社です
フィンランドの国家に匹敵する売上規模です
Ford
FINLAND
AUTO SALES
$138 BILLION
GDP
$142 BILLION

私たちが飲料のオーガニック化を図ったように
フォードも持続可能な方向性を目指しています
それは規制や訴訟のためではなく
消費者が求めているからです
フォードのハイブリッドSUV
「エスケープ」がガソリン車にとって代わることで
生態系を強化しアメリカの燃料自立性を
高めてくれることを願います

ここに私たちの
「ティー・エスケープ」を
発表します！
GREAT TEA ESCAPE
HONEST TEA
名前「モデルT」
でもよかったのに！
フォードが「エスケープ」の
ブランド名を入れたがったんだ
車を無償で提供してもらった
から名前は彼らの自由だよ

# 53. 投資家まわり

また資金調達が必要になり
僕たちは女性CEOが率いるニューヨークの
ソレラ・キャピタルに会った(2004年12月)
自然食品のアニーズに投資
しているから…この市場に
関しては詳しいんです
Annie's HOMEGROWN
CALYPSO
St. Barth
LATINA
MEDIA VENTURES
アニーズ
大好き

800万ドル投資したいの
ですが…ひとつ問題が
というと?


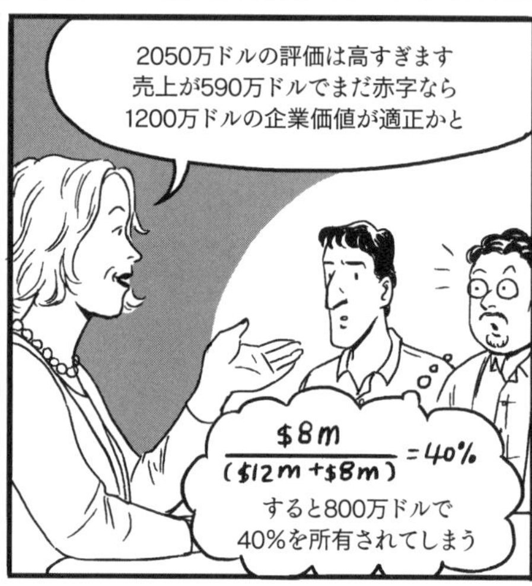

2050万ドルの評価は高すぎます
売上が590万ドルでまだ赤字なら
1200万ドルの企業価値が適正かと
$8m / ($12m + $8m) = 40%
すると800万ドルで
40%を所有されてしまう

調達したいのは200万ドルです
もう一段の成長には
それで十分ですから
新しいプラスチックボトル
を導入したばかりですし
…今が攻め時ですよ

競争も激しくなっています…スターバックスはタゾティー
ペプシはソブを大々的に宣伝しています
オネストティーも積極的に打って出るべきです
TAZO
SoBE
営業マンや地域マネジャーをもっと
雇った方がいいわ…広告も打たないと
それには運転資金が必要でしょう

800万ドルも賢く使える
自信がないな
マーケティングと給与と家賃を合わせても250万ドルしかいらない…
大きく考えましょう！　今が一番大切な時です
大手に負けないことを証明しないと
うちのファンドは小さな投資はできません

確かにもっとお金をかけた方が
いいかもしれないが…まずは
売上を増やして高い企業価値を
納得させないと
それにあちらは買い戻し権や清算時の
優先権…取締役2席も要求してる
これじゃ経営権を失いそうだ
創業者が追い出されている
投資先もあるし…心配だ

WAY TO GO,
ELIE!
ありがたいんですが…
代償も大きい気がして
私にとってもよくない…
持ち株比率が下がるからね
今の調子ならそんな条件を
飲む必要はないんじゃないかな
私はもっと投資してもいい
既存の株主に
追加投資してもらえるか
聞いてみたらどうだ？

それから数カ月で200万ドルの資金調達が完了した…その大半は既存株主からの追加投資だった
2005年に売上は62％伸びて960万ドルに達し2006年には1350万ドルに届きそうだった
成長を加速するためさらに賢く追加投資をする準備ができた
売上が伸びれば企業価値も高まる…希薄化もそれほど問題にならなくなった

その秋に僕たちは富裕層の個人投資家に会った（ビルという名前にしておこう）
オネストティーの大ファンなんだ 健康志向とオーガニックの流れにぴったりだ

規模拡大を助けてくれる投資家を探しています
どんな風に助けていただけるか教えていただけますか

大手スーパーのCEOを紹介したり 大手食品流通業者を紹介できる

健康分野でこれまでたくさんの会社を育ててきた
$80 million
CRACK!
私が投資したある会社は売上50万ドルから8000万ドルに成長したよ

オペレーションの責任者を探しているなら
優秀な人材を紹介できる
それにベンチャーキャピタルと違って長期的な投資だ

どのくらいの金額を
調達したいんだい？
1000万ドルです
それだけあればしばらく
資金調達の必要はなくなります

私の持ち分は？
企業価値を3100万ドル
と評価して24％の
持ち株比率になります

企業価値の根拠は？
過去1年の売上の3倍に
繰越損失を足して
債務を引いた金額です
2007年の売上予測の
1.3倍になります

ちょっと高いが
いいだろう

私の条件は従業員持ち株の
プールを増やすことだ
12％にしてほしい

本社に戻って

従業員持ち株を増やす
意味がわからなかった…
経営陣は優秀だし
株式インセンティブもある
従業員は5％のオプションを
持っているし君には15％ある
なにか別の意図が
あるはずだ

希薄化という意味では
それほど問題でもないな
ビルに12％余分に
株を渡せばいいだけだ
わかった
じゃあ条件に
合意しよう

参加型優先株主は他の株主より先に投資した
金額を取り戻しその上に株式持ち分も維持する
つまり買った品物を持ったまま返金を受けるようなものだ

その後
バリー　冷静になってくれ　優先株の条件を取り下げたかもしれないのに
向こうが汚い手を使ってきたんだ
彼らは僕たちの業績を知ってるし適正だったかも

私が会社に融資しよう

数週間後
誤解があったようだね　普通株でオーケーだ　取引できるかい？
ありがたいのですが方向性を変えたので
数カ月後、僕たちは2社の戦略的投資家から普通株で1000万ドルを調達した
ネスレと関係のあるプライベート・エクイティファームとストーニーフィールドだ

その後ビルがなぜ従業員の持ち株プールを欲しがっていたかが判明した
どうして追加の持ち株権を設定しようとしたんだい？
新しい社長を雇おうとしてたんだ

!

# 54. オネストエード

2005年に大手レストランチェーンからプライベート・ブランドの飲料ライン開発を要請された
そして絶妙においしくて甘すぎないクランベリー・レモネードができた
結局レストランはそのフレーバーを採用しなかったが素晴らしい商品だったしそれをきっかけに僕たちは紅茶系以外の飲料にも目を向け始めた
CHICKEN OUT ROTISSERIE
お茶を飲まない消費者もいる そんな人たちに訴求する商品が欲しいな
たとえば？
あのクランベリー・レモネードはどうだ？
煮出し製法でなくていいのかな？
「正直(オネスト)な」製品であれば問題ないよ オーガニックだし甘さ控えめなんだから

「正直な飲料」であればお茶じゃなくてもいいってことだな
もちろん…そうすれば事業機会はすごく広がる ただし1種類のフレーバーだけじゃなくてフルラインが必要だ
ザクロを使った飲料は大人気だ
ザクロジュースは高価で甘いな
$
薄めればいい 子供向けのアップルジュースと同じだ

フレーバーはすぐに決まった…クランベリー・レモネードとライムエードから始まり
その後ザクロ・ブルーベリーとオレンジ・マンゴが加わった
難航したのはラベルのデザインだ…紅茶ラインと一貫性がありながら独自の特徴が必要だった

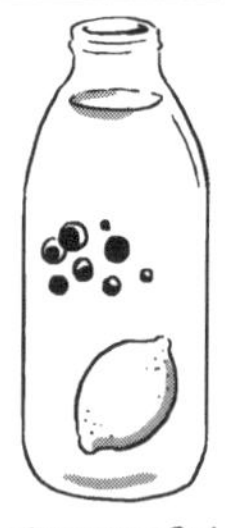

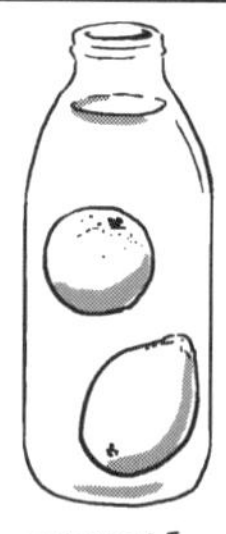

これまでは「T」の中にイラストを入れ込んでいたがそれは必要ないな

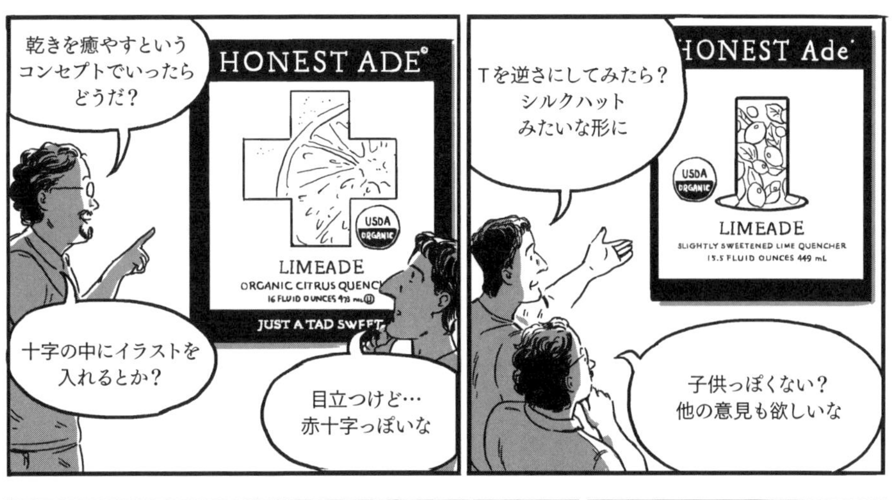

乾きを癒やすというコンセプトでいったらどうだ？
HONEST ADE
USDA ORGANIC
LIMEADE
ORGANIC CITRUS QUENCHE
16 FLUID OUNCES 473 mL
JUST A TAD SWEET
十字の中にイラストを入れるとか？
目立つけど…赤十字っぽいな
Tを逆さにしてみたら？シルクハットみたいな形に
HONEST Ade
USDA ORGANIC
LIMEADE
SLIGHTLY SWEETENED LIME QUENCHER
15.5 FLUID OUNCES 449 mL
子供っぽくない？他の意見も欲しいな

マーケティング責任者の妹でグラフィックデザイナーのバネッサだ
hi!
オネストの頭文字をとって「H」はどうかしら？
HONEST
USDA ORGANIC
LIMEADE
ORGANIC CITRUS QUENCHER
JUST A TAD SWEE
ハーバードみたいだなピンとこない
アルファベットのAは？
HONEST ADE
JUST A TAD SWEET
USDA ORGANIC
LIMEADE
ORGANIC CITRUS QUENCHE
こっちもピンとこないな


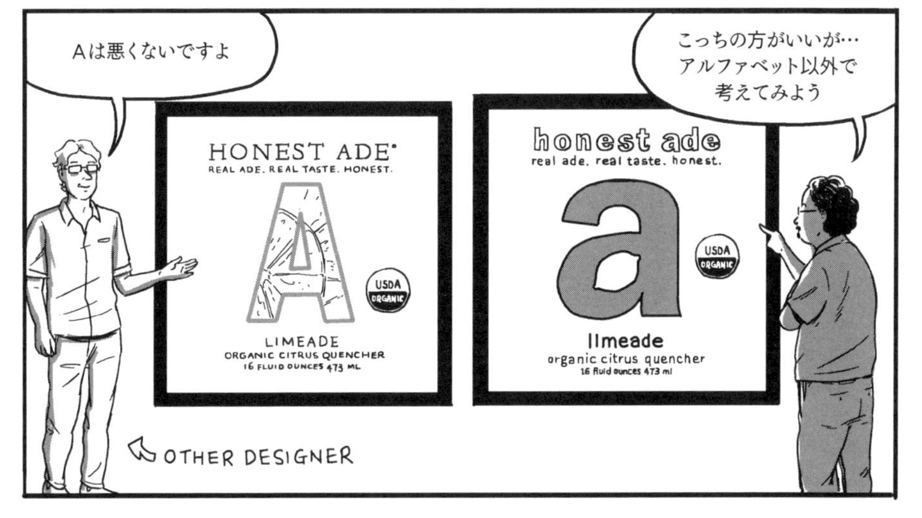

Aは悪くないですよ
HONEST ADE
REAL ADE. REAL TASTE. HONEST.
USDA ORGANIC
LIMEADE
ORGANIC CITRUS QUENCHER
16 FLUID OUNCES 473 ML
こっちの方がいいが…アルファベット以外で考えてみよう
honest ade
real ade. real taste. honest.
a
USDA ORGANIC
limeade
organic citrus quencher
16 fluid ounces 473 ml
OTHER DESIGNER

正直さをアピールするなら
成分表示を掲げるとか
HONEST ADE
HONESTLY LESS SWEET
LIMEADE
ORGANIC CITRUS QUENCHER
USDA ORGANIC
斬新だが何度も
見ると飽きるな

甘さ控えめを
強調するとか
HONEST ADE
REAL ADE. REAL TASTE. HONEST.
Just a tad sweet.
USDA ORGANIC
LIMEADE
ORGANIC CITRUS QUENCHER
言いたいことはわかるが
つい買いたくなる
感じじゃない

抽象的なデザインは？
HONEST ADE
HONESTLY LESS SWEET
USDA ORGANIC
LIMEADE
ORGANIC CITRUS QUENCHER
芸術的だが紅茶ラインと
かけ離れすぎてる

バネッサが最後のアイデアを出した
モダンですっきりした
デザインはどうでしょう？
アップルみたいな
HONEST ADE
LIMEADE
USDA ORGANIC
JUST A TAD SWEET
これはいい！
ライムを一片に
してみよう

HONEST ADE
LIMEADE
USDA ORGANIC
JUST A TAD SWEET
これだ!!

# 55. 無期限契約

コカ・コーラの流通
業者と初めて取引する
ことになったぞ!
小規模だし寒い地域
の業者だからアイスティー
の需要は少ないけど
よかったね
BUFFALO
2006年5月
ひとつ問題が…無期限契約を
結びたいそうだ
ありえん!
もしダメな業者だった
場合に切れなくなる
!
無期限契約じゃないと
うちのブランドに投資できないと
言っている…しょうがないかな
それならなんらかの
業績保証がないと

売上本数の保証
なんて無理だよ
本数目標:100万本
VOLUME TARGET
$1million SALES
成長率の保証は
どうだ?
今は50%で伸びてるけど
永遠に50%で伸び続けるのは
無理だ…10%でも難しい
成長目標:50%
GROWTH TARGET
50% GROWTH
HMMM

それなら…うちの流通業者の上位
半分に入ることを条件にしよう
コカ・コーラの流通業者なら
平均よりは上だろう
TOP HALF
DISTRIBUTORS

それなら向こうも同意するだろう
たいていは自分の実力を
過大評価するものだからな
自分は平均以上だと思い込む
think they're above average
80%

自己高揚バイアス
っていうやつだな
LAKE WOBEGON

そう…無期限契約なんていやだが
条件を下回ったらクビに
できるから大丈夫だな

## 56. ある一日

CLICK
BEEP
BEEP...
5:23 AM
2006年9月

10 MILES

HAAA...M

BYE, MOM!
午前7時20分
午前7時40分
BEEP
BEEP
午前8時

自転車通勤は最高だな
午前8時40分


送信者:ローレンス・S
タイトル:オネストティーのおかげで人生が変わりました

セスさん、バリーさん

私はオネストティーの大ファンです。オネストティーのおかげで、砂糖たっぷりのスターバックスモカから遠ざかってます。ゴールドラッシュ・シナモンは病みつきになりそう！ ヘブンリー・ハニー・グリーンも大好きです。私はペンシルバニア大学の学生で、オネストティーを置いている遠いカフェテリアまでわざわざ歩いていきます。いつもランチ時間までに売り切れてしまうので、もっと発注してくれと頼んでいます。おふたりは飲料界の天才ですね。これはただのお茶じゃない。新しい体験です。甘さを抑えたボトル入りアイスティーをこれまで作った人がいなかったなんて、信じられません。

ローレンス・S

ローレンスさん、こんにちは

うれしいメールをありがとう。本当に報われます。オネストティーを立ち上げたのは、こんな反応を期待してのことでした。学内の他の売店でもどんどんオネストティーをリクエストしてください。そうすれば、遠くまで行かなくてもいいですし、もっとたくさんの人にオネストティーを飲んでもらえますから。どうぞオネストティーを楽しんでください。そして口コミを広めていただけるとありがたいです。私たちのような小さい会社には、それが一番の助けになります。

セス

送信者:スティーブ・S
タイトル:ラベル

セス、バリー
僕はオネストティーが大好きです。だけどラベルが上質な紙じゃなくて安っぽいプラスチックなのはどうしてですか？

スティーブ

スティーブさん

当然のご質問です。はじめは紙だったんですが、水滴がついたり冷やしたりすると、ラベルがシワになったりよれたりするのです。私たちも悩みましたが、やはりきちんと売れる商品にすることを優先させました。しかもこのプラスチックは可燃性で環境にもやさしいんです。

セス

ボトリング工場との電話会議
試験製造で新しいプラスチックボトルの2割に歪みが出た
午前8時半

マサチューセッツの流通業者との電話
ああ…すごくいい商品だって聞いてるよ取り扱いを始めよう
ありがとうございます母も近所でオネストティーを買えるようになります
午前9時半

SALES BOARD
マサチューセッツ州のアトラス社との取引が決まったよ

デラウェア州のドラッグストアチェーンのバイヤーに電話
ジョンさんですか？　オネストティーのセスです試飲会の件でご連絡しました周辺地域では売れ行きが好調なのでお宅でもどうかと思いまして…
BEEP!
午前10時45分

長い付き合いのある銀行とのお別れは寂しいのですが多額の融資が必要なので
NT BAN
午前11時

市場調査
CAFE X-PRESS
DELI - CAFE
HONEST TEA
午前11時30分から午後1時30分

「ゼロガニック」と聞いてなんだかわかりますか？
?

どう？

イチから出直しだな

請求書の山

| | | Due | Pay |
|---|---|---|---|
| Payroll | | $65,468 | $65,468 |
| Zuckerman-Honickman | Bottle supplier | $139,046 | $53,959 |
| Castle Co-Packers | East Coast production | $30,690 | $12,748 |
| H. A. Rider | West Coast production | $2,673 | $889 |
| Eco-Prima | Tea supplier | $21,700 | $3,465 |
| Q Trade | Tea supplier | $2,618 | $2,618 |
| Goodwin Procter | Law firm | $6,192 | $0 |
| Gamse Lithographing | Labels | $16,880 | $2,167 |
| New Connections | Sales support | $1,793 | $1,793 |
| Smurfit-Stone | Cardboard cases | $9.936 | $9.936 |
| Wholesome Sweeteners | Organic sugar | $7.275 | $7,275 |
| Total | | $304,271 | $160,318 |

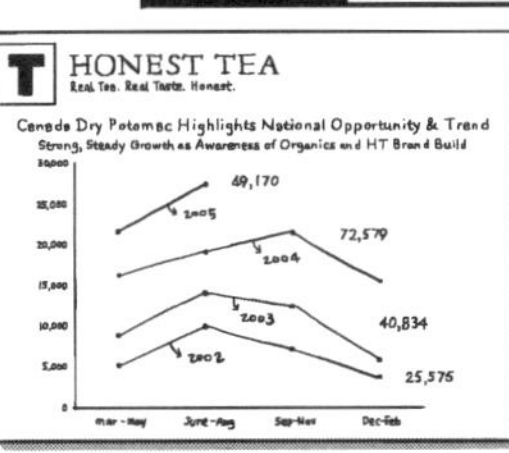


HONEST TEA
Real Tea. Real Taste. Honest.

OPPORTUNITY FOR GIANT

・To be the First mainstream grocery chain in Balt/Wash to offer Honest Tea PET

・Healthy beverage choices: all organic, low sugar
...in the package your customers prefer
...in the flavors your customers want
...at a great price your customers will recognize

明日はボストンでバイヤーとのミーティングだ
相手はバージニアに住んでて店は
メリーランドにあるのに…ボストンに本社の
あるチェーンに買収されたから仕方ないな

TAP TAP

TAP TAP
午後7時45分

午後9時

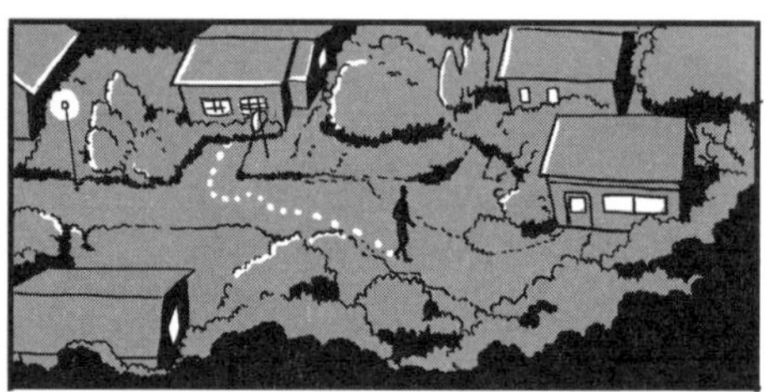

I LIKE MY DIET SNAPPLE BETTER.
午後9時15分

マサチューセッツで流通業者が見つかってよかった
母も喜ぶよ
午後9時45分

新しい銀行の信用枠は
どのくらいだ？
300万ドル…でも２人の
個人保証が条件だ
仕方ないな

「ゼロガニック」
と言っても消費者
にはピンとこない
ZERO
+
ORGANIC
=
ZEROGANIC

HONEST TEA
10 calories
TANGERINE GREEN TEA
実際には４キロカロリーだ
もう少し砂糖を加えてぴったり
10カロリーにしたらどうだ
名前は「オネスト10」

THAT'LL
WORK

SIP
午後10時15分

午後11時

ZZZZ...
午後11時4分

## 57. 小売店チェック

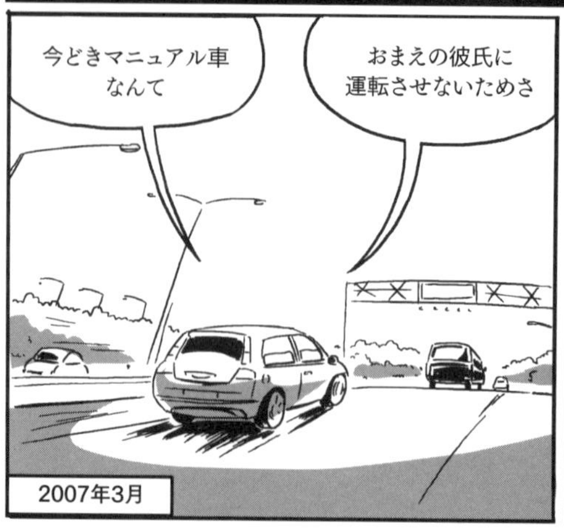

今どきマニュアル車
なんて
おまえの彼氏に
運転させないためさ
2007年3月

彼氏いないって
言ってるじゃん
よかった

ホールフーズに
寄ってみよう
10分だけ寄り道だ
大学の見学ツアーなのよ
店舗チェックじゃないんだから
それにさっきも別の店に
寄り道したじゃない

このあたりに2つあるんだ
もう1店は帰りに寄ろう
WHOLE FOOD

オネストティーのバリーです
うちの商品を置いてくれて
ありがとう…補充の手伝いを
させていただけますか？
OH...
OKAY

知らんぷりしないで
手伝ってくれよ

そこ左に曲がって
もうすぐよ
2007年7月 シカゴ

シカゴのホールフーズの
写真を送る
欠品だらけだ

シカゴ大学への
志望理由は？

学究的な雰囲気があって
学生がみな真面目で…

面接官がずっと
オネストティーを飲んでて
なんか不思議な感じ
父親が創業者
だって話した？

まさか…パパ
は受験に関係
ないでしょ
確かに

でもなんか不思議だったな
家族以外にも飲んでる人が
いるんだって思った

# 58. オバマの好物

2007年はじめ
またシカゴに行くの？
おじいちゃんの写真展があるんだよ
なんでまだ離陸しないの？もう搭乗時間はとっくに過ぎてるよ

バラク・オバマだ!!

ご搭乗の皆さま…ご迷惑をおかけしております
離陸まであと30分ほどお待ちください
キャビン内の歩行はご自由に
コックピットをご覧になりたいお子様は
どうぞ前方にいらしてください

行ってみよう
行かなきゃだめ？

すごい！ボタンがいっぱいだ

オバマ上院議員…
オネストティーのセスです
うちの商品を飲んで
くださっていると聞きました
ファンなんだ　空港に来る
途中もコミュニティー・
グリーンを飲んでいたよ

ありがとうございます
息子のエリーと
イサックです
やあ
こんにちは

私が描いた似顔絵です
サインをいただけますか？

To Jonah —
I never looked so good!
Keep it up, and dream
big dreams!

**Newsweek**

SMACKDOWN

The Elitism Index

*Obama is Honest Tea and protein bars, McCain doughnuts and Diet Coke.*

| | Ivory Tower | Old-School Ties | Home/Homes | Hollywood Pals |
|---|---|---|---|---|
| John McCain | | | | |
| Barack Obama | | | | |
| Winner | | | | |

知名度は上がったけど
「手に入れにくい」
ってのはちょっとな
でも本当の
ことだから

2009年1月20日の大統領就任式に合わせて
限定品のバラク・フォレスト・ベリーが
ホワイトハウスに届けられた
政治的に偏向してると
見られないかな？
CAFFEINE-FREE
HONEST TEA
BARACK FOREST BERRY
レーガンだってジェリービーンズが
お気に入りだったじゃないか
それに共和党にもオネストティーの
ファンはいるよ

こちら海軍購買部です
ホワイトハウスにオネストティーの
在庫を置きたいのですが
ホワイトハウス冷蔵庫

# 59. オネストキッズ

パパは健康飲料の会社をやってるのになんでぼくのランチには甘い飲み物を入れるの？
APRISUN

セス　これ小さいのに100キロカロリーよ炭酸よりも砂糖が多いわ
砂糖じゃなくてコーンシロップだよ
確かに

子供向けの飲料を作ろう今はカプリ・サンが市場を独占してる
パウチパック入りオネストエードはどうだ

カロリーをカプリの半分にできる
もっと減らせるかも

セスの子供たちとその友だちの調査

60キロカロリー
ちょっと甘すぎ

50キロカロリー
全員が気に入った
みんな笑顔

40キロカロリー
まあまあ

30キロカロリー
味がしない
という子供も

20キロカロリー
水みたいという
反応

それよりいい名前を
思いつかないな
リサイクル可能な
パウチパックを
使えるかしら？

難しいな…
材料自体はリサイクル可能な
プラスチックを使えるけど
底のホイル部分がダメだ
foil

材料が少量で済むから
環境にはやさしい
Stonyfield
Organic
liquid
98%
pouch
2%

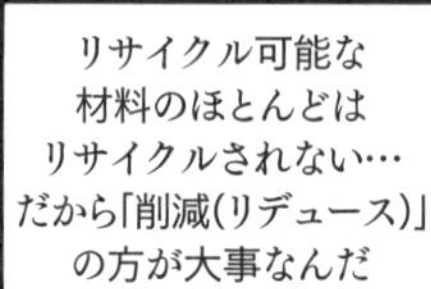
リサイクル可能な
材料のほとんどは
リサイクルされない…
だから「削減（リデュース）」
の方が大事なんだ

ですが…やはり
リサイクルも諦めたく
ないんです

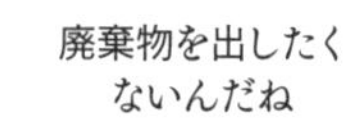
廃棄物を出したく
ないんだね

アップサイクルはどうですか？
テラサイクル社が廃棄物の
新しい利用法を考えています

初めての試みだが…
使用済みのパックを縫い合わせて
筆入れやかばんを作ってみよう
TERRACYCLE
HONEST KIDS
トム・スタッキー

個人で送るより学校でまとめて
送ってもらうよう頼みます
収集したパック1袋につき2セントを
学校に寄付することにしましょう
どのくらい需要が
あるかわからないな
最初は100箇所で始めてみよう

開始から24時間で100箇所
すべての回収場所が決まった

商品の引き合いが多くて
パックが足りないくらいだ
大成功だよ
HONEST KIDS


2007年8月

高級品市場にもアップサイクル品が使われた
ピアニストのリ・ソヨンはカーネギーホールのデビューコンサートで
オネストキッズのパックを再利用したイブニング・ドレスを着た

The New York Times

*And What About the Straws?*

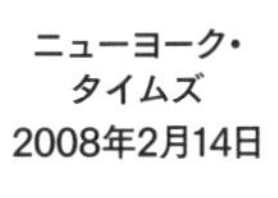

ニューヨーク・
タイムズ
2008年2月14日

アップサイクリング品は大人気だ
今はオネストティーだけだが
カプリ・サンの小袋のリサイクリングを
打診してもかまわないかな？

世界を変えるには規模を
大きくしないとだめですよね
廃棄物が少なくなるなら
もちろん大賛成です


2012年までに、6万7000箇所から回収された1億4000万枚のパックがテラサイクル社によって再利用された

## 60. フェアトレード オネスト流

僕たちは中国、インド、南アフリカでの有機栽培とフェアトレードの試みに誇りを持っていたが
企業努力は海外においてだけだった…そこで本国でも社員や環境に投資することにした

通常の健康保険に加えて僕たちは
社員の健全な生活をサポートすることを目標にした

社員の多くは出張が多く食生活が偏りがちだったので
健康志向のスナック会社と商品を交換し合うことにした

個人の健康目標の達成を助けるトレーナーも雇った

社内の人材を活用し早く昇進させた

マーケティング、西部営業、全国チェーン営業の
主任はもともと社内インターン出身だった

社員がオーナーシップを感じられるよう12カ月間
在籍した社員全員にストック・オプションを配布した

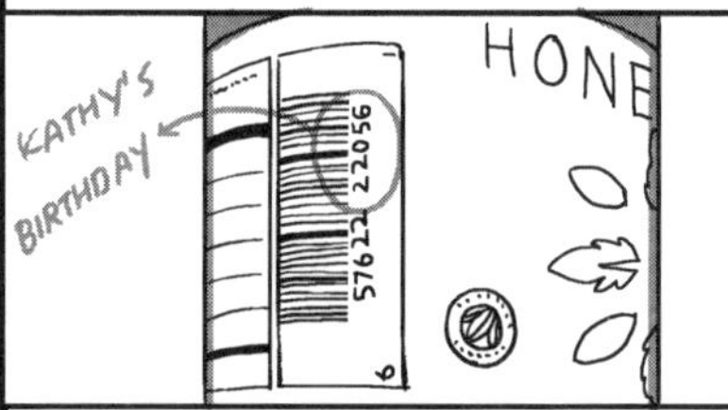


新製品を発売するときはUPCコードの
最後の5桁を社員に決めてもらった
社員は誕生日や記念日を数字に記していた

環境への負担を減らすため
全社員に自転車を購入し
本社にシャワー室を設置した

自動車通勤の社員には駐車場代を払っていたので
地下鉄や徒歩や自転車通勤の社員にも同額を払った

2007年には地元のエコ意識を盛り上げるため
ベセスダ・グリーンというプロジェクトを開始した

交通量の多い場所にリサイクリング容器を設置し
地元のレストランの廃棄物をバイオ燃料に変え
毎月数百ガロンの燃料を生産した

## 61. スーパースターたち

僕たちのストーリーは
来る日も来る日もオネストティーを必死に売り込んでくれる
営業チームなしには語れない…ここに2人のヒーローを紹介しよう

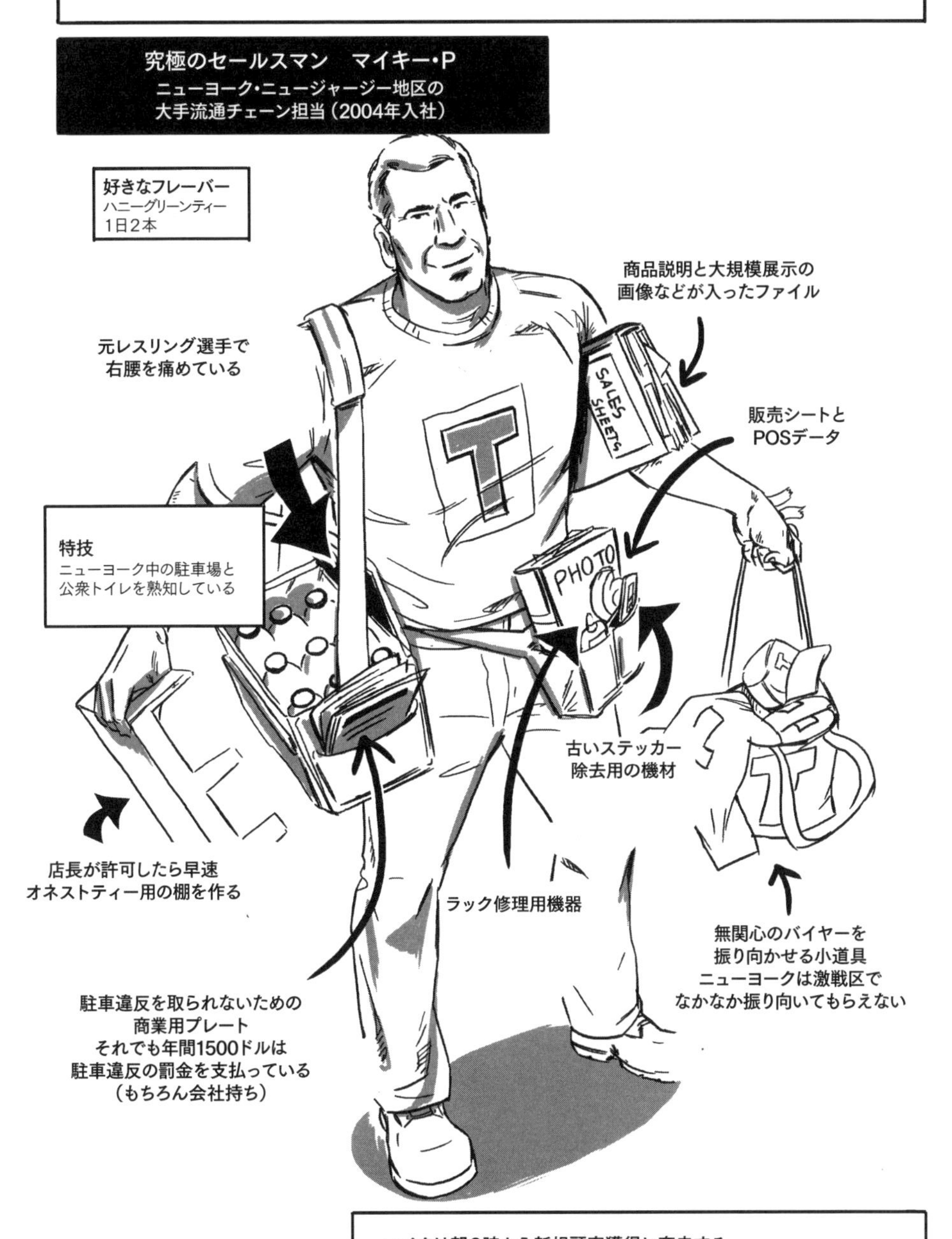


マイクは朝6時から新規顧客獲得に奔走する
11時半以降はディスプレーを手直しする
棚を設置しスペースを作り…店主だけでなく
商品補填のスタッフとも関係を築いている

## アメリカ中央地域の女王　ベッカ
2007年以来、ミネソタからテキサスまでの自然食品店を担当

ベッカ自身も有機食品オンリーの食生活を実践し
自然食品営業の理想的なアンバサダーになっている
毎週あちこちに出張し小売店や問屋や流通業者に会い
展示会や自然食品店で営業を行っている

## 62. 上場？

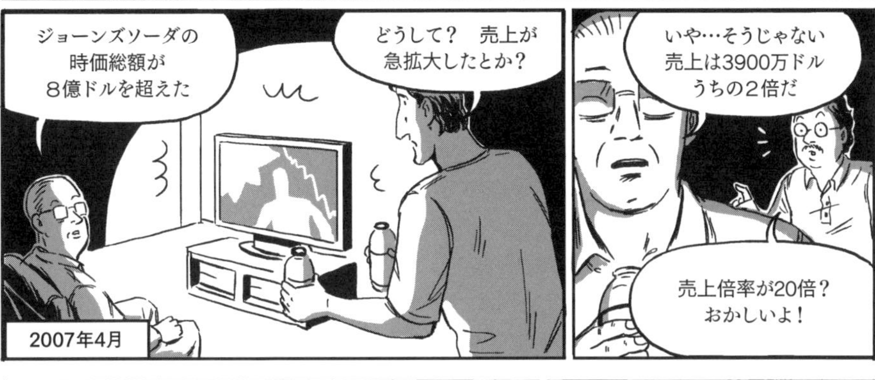
ジョーンズソーダの
時価総額が
8億ドルを超えた
2007年4月
どうして？　売上が
急拡大したとか？
いや…そうじゃない
売上は3900万ドル
うちの2倍だ
売上倍率が20倍？
おかしいよ！

ジム・クレーマーが
金融番組でこの株を
勧めてるんだ
ジョーンズソーダは
第2のハンセンナチュラルになる

ハンセンナチュラルは
エネルギードリンクがばか売れ
して今や50億ドル企業だ

まだ上場なんて早過ぎる
でもこんなに高値がつくなんて
なんだか損してる気分だな
そんなことはない
ジョーンズは黒字
うちはまだ赤字だ
ドットコムバブル崩壊後は
利益が出ないと上場できない
それに…今の規模だと
上場費用や労力が
割に合わない

ジョーンズの株価は
この3カ月で
3倍になった
売上はそれほど
変わってないのに
JSDA (Daily) 31.54
風評と投機だよ
あと記者発表も…
目立つ案件を
次々に発表してる
アメフトのシアトル・ホークスとの
専属契約も発表した
金がかかった
だろうな

プロバスケの
ニュージャージー・ネッツ
とも7年契約を結んだ
年間170万ドルの契約金だ
うちのマーケティング
費用総額でも100万
ドル以下なのに！

売上と長期的な企業価値を上げるより
株価を上げる方に忙しいみたいだな

でも株価対策は大成功してる
8億ドルは大したもんだ
でも販売網は
買えないだろう？

ネッツとの契約はどうだ
42試合のホームゲームに
1万7000の観客が集まる

JONES
WHOOPASS
est 96
Beer
PREMIUM
other
Beverages
その3分の1が買えば
23万8000本だ

ブランドの
知名度が上がって
マーケティングにも役立つ
でも年間170万ドルの
契約金なら1本あたりの
コストは7ドル！

うちはそんなことは
やらない

# 63. 環境変化

それから1カ月後　2007年5月
コカ・コーラがビタミンウォーターを41億ドルで買収した
すごいな売上規模は？

昨年は3億5500万ドルだ
売上の12倍だうちにとっても好都合だな

そうとも限らない独立系の流通業者の主要ブランドがどんどん買収されて大手に吸収されてる独立系の流通業者は生き残りが難しい
PEPSI
IZZE
Coca-Cola
ということは消去法でうちが彼らの主要ブランドになっているわけだこれからはもっと力を入れてくれるだろう

僕たちの流通網にはまだたくさん穴があった売上は70%で伸びていたが流通業者の新規開拓はますます難しくなっていた
問題発生！北東部のコカ・コーラ流通業者との取引がご破算になった
どうして？

ビタミンウォーターを扱うから新規ブランドの取扱いをやめるそうだ
スナップルの流通業者とも連絡が取れない

そうか…スナップルはオネストティーの取り扱いを辞めるよう流通業者に手紙を送ったらしい

May 21, 2007

VIA CERTIFIED MAIL
RETURN RECEIPT REQUESTED

Re: Honest Tea

スナップルブランドのコピー商品である
オネストティーの販売または流通は
契約違反と見なされます

そうした模倣商品の販売には
法的措置が適用され
スナップルブランド商品の
流通契約の破棄につながる恐れもあります

どうぞよろしくお願いいたします

# 64. オネッスレ？

2007年、コカ・コーラとネスレは
紅茶販売の合弁を解消…15年ぶりに両社は
自由に独自の紅茶戦略を追求できることになった
Nestlé
Coca-Cola

ネスレ北米の社長キム・ジェフリーから連絡があり
ネスレ傘下に入るつもりがあるかと打診された
彼とはすでに知り合いだった…ネスレ関連の
投資会社から500万ドルの支援を受けていたからだ
Ozarka

返事をする前にネスレとの相性を考える必要があった
うまくやって
いけるかな？
キムも彼の
チームも好きだ
優秀だし信頼できる
いい人たちだ

そうか
アメリカにペリエを初めて
紹介したのもキムだ
起業家精神のある人物だよ
Perrier
そうだな

ネスレはいずれにしろ
紅茶飲料の会社を買収するはずだ
私たちは世界一の食品会社につくか
彼らと競争するかのどちらかになる
味方になる
方がいい

売上は40億ドルもあるし
流通業者とのつながりも強い
だが大部分は倉庫に直送だ
うちの商品をきちんと売ってくれる
セールスマンがいるかな？

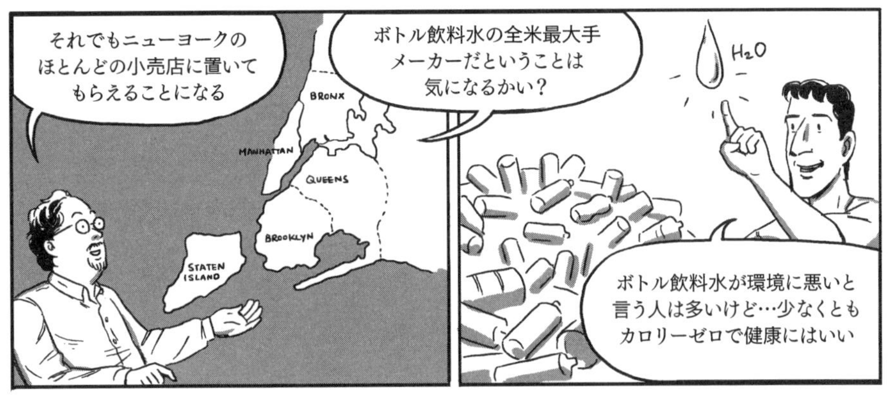
それでもニューヨークの
ほとんどの小売店に置いて
もらえることになる
BRONX
MANHATTAN
QUEENS
BROOKLYN
STATEN ISLAND
ボトル飲料水の全米最大手
メーカーだということは
気になるかい？
$H_2O$
ボトル飲料水が環境に悪いと
言う人は多いけど…少なくとも
カロリーゼロで健康にはいい

水道水を飲めるなら
ミネラルウォーターじゃなくても
いいとは思うけど…
ネスレはボトルの軽量化に
すごく努力している
16 fl.oz
0.4oz
16オンス入りのボトルは
たった0.4オンスの軽さだ
僕たちより7割も軽い
私たちもそうする
べきじゃないか…
言いたいことはわかるよ
僕たちは熱湯を入れるから
超軽量ボトルは
使えないんだ
TEA
190°F

それにキムはリサイクリング
を熱心に進めている
npr
プラスチックボトルに預かり金を
設けて回収を進めよう！
5¢
5¢
5¢
マイナス面は？
うちは自然食品では
トップブランドでも
全国的な知名度はまだまだ…
だから地道な売り込みが
必要なんだ

まだ売る気になれない
それは重要だな

じゃあどうしても断れないような好条件だったら受けることにしよう
任せるよ

今この場で御社を買いたいが…正式な条件を出すことはまだ認められてない…うちにとっては規模が小さすぎる
だが来年5000万ドルの売上に到達したら1億5000万ドルで買収するという権利をもらうのは？　それなら現実的だ
私たちも株主もその条件は飲めません
先行きはどうなるかわからないし価格も低すぎます

ではどんな条件ならいいんだ？

そうですね…

きっぱり断られた
キムはおそらく憤慨してるだろう
だが自分たちの判断が
正しかったと思いたい
キムと話したら
先生がとんでもなく
ふっかけてると思ったそうだ
僕と僕の家族のせっかくの
チャンスを無駄にしたって
オネストティーを買収する気は
まだあるしこれからも連絡を
取り合うことにした…
素晴らしい会社になると
確信しているけれどこれからが
難しい段階だと言っていた
自分のための交渉は難しい
かけるものが大きすぎて
客観的になれないよ
大局を見失わないようにしよう
事業は好調だし…
まだ売却したくないんだろ
HONEST TEA
そうだね…ただ後味が悪いな
もういちど本業に集中しないと

# 65. コカ・コーラとの交渉

その夏、コカ・コーラが紅茶ブランドの
買収先を探していると報道された

2007年7月5日　アトランタ
コカ・コーラはキャドベリー・シュウェップスの
スナップルブランドのアイスティーを買収するか
自社ブランドを作るかを模索している
「買収か、自社ブランドの立ち上げかを検討するのはいつものことです」
と広報担当のダナ・ボールデンは述べている

その直後にコカ・コーラの新興ブランド担当者から打診があった
ネスレとの交渉の失敗後、僕たちはどんな条件なら受け入れられるかを考えていた
そこでコカ・コーラのマイク・オルステッドとデリック・バン・レンズバーグに会うことにした

ここがキッチンです
うちの研究開発センターですよ
お茶を煮出すのに
ハイテク装置は
いらないんです
ここでレシピを
調合するんですか？

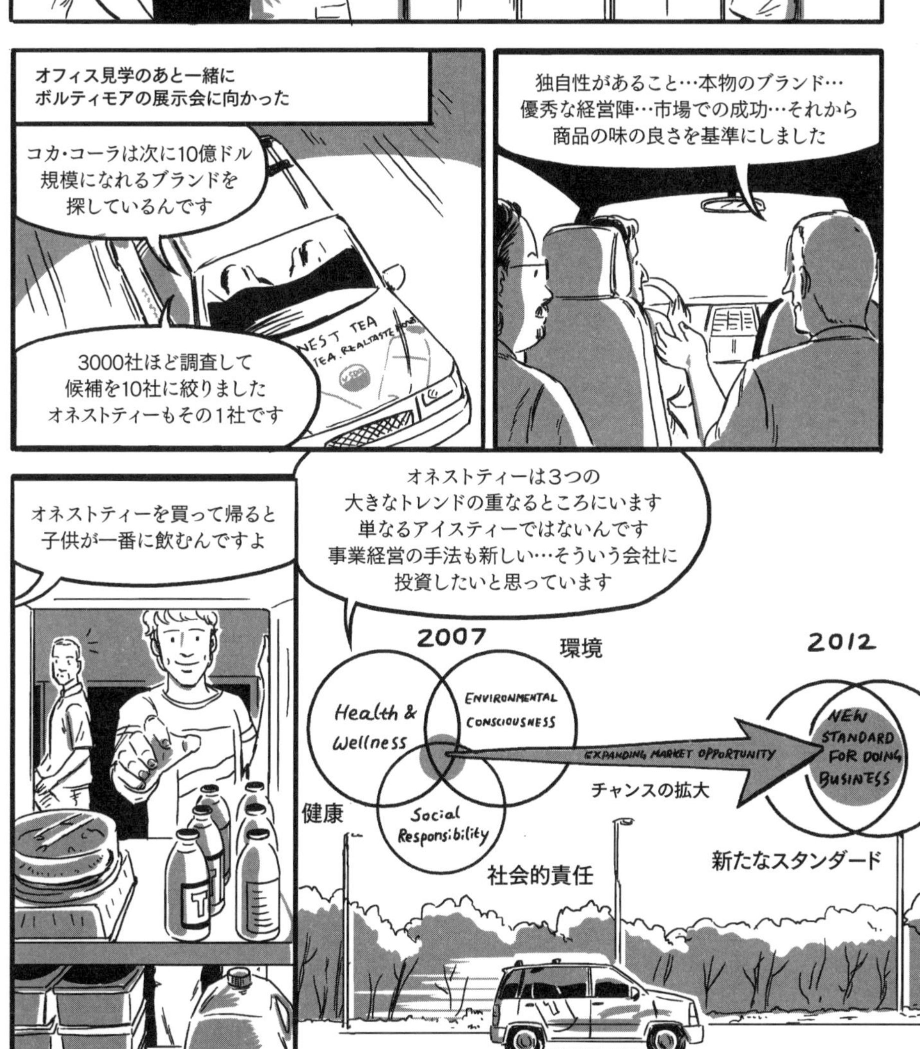
オフィス見学のあと一緒に
ボルティモアの展示会に向かった
コカ・コーラは次に10億ドル
規模になれるブランドを
探しているんです
3000社ほど調査して
候補を10社に絞りました
オネストティーもその1社です
独自性があること…本物のブランド…
優秀な経営陣…市場での成功…それから
商品の味の良さを基準にしました
オネストティーを買って帰ると
子供が一番に飲むんですよ
オネストティーは3つの
大きなトレンドの重なるところにいます
単なるアイスティーではないんです
事業経営の手法も新しい…そういう会社に
投資したいと思っています
2007
Health & Wellness
健康
Environmental Consciousness
環境
Social Responsibility
社会的責任
Expanding Market Opportunity
チャンスの拡大
2012
New Standard for Doing Business
新たなスタンダード

ですが…ネスレとダノンが御社の株主になってますし
ペプシの流通業者が取締役に入っていますね
みんなが御社を狙っているんじゃないですか

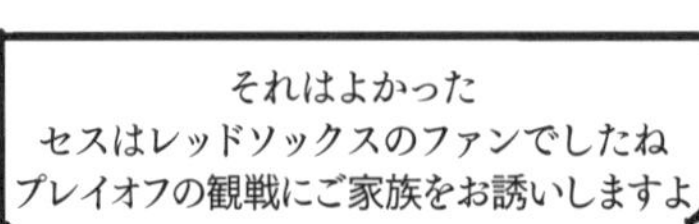

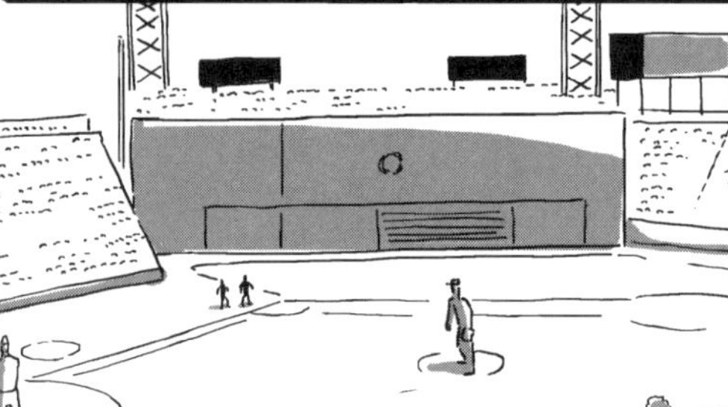


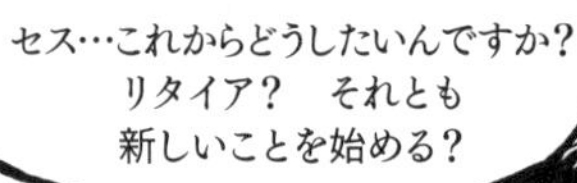

**プラス面**

1. タイミングがいい
   - 株主は10年間忍耐強く支えてくれた
   - アメリカの自然食品市場でナンバーワンの急成長企業になった
   - 売上成長は順調。今年は70％成長し2300万ドルを売り上げた
   - 同業他社の企業評価が高い。売上4000万ドルのジョーンズソーダの時価総額は４億ドルを超えている（８億ドルからは下がったが依然として高い）。ビタミンウォーターは41億ドルで売却された
2. オネストティーのブランドをもう一段上のレベルに上げるチャンス
   - コカ・コーラの流通システムは世界一強い
   - オネストティーを取り扱う新規業者の開拓は難しい
3. 融資の個人保証額が500万ドルにまで拡大。手を打たないとすべてを失う可能性がある
4. コカ・コーラとネスレがライバル会社を支援している
5. バリーは50歳になる。そろそろ出口を考えたい

**マイナス面**

1. 経営は楽しい
2. これまで努力してきたことの本当の成果がやっと見え始めた
3. 売上１億ドルを目指していたが、まだ2300万ドル。大企業と言えるほどは大きくない。コカ・コーラは１億ドル企業を10億ドル企業にするノウハウはあるかもしれないが、今の規模では小さすぎて潰してしまう危険もある

   2001年1月31日
   コカ・コーラがプラネットジャバ・コーヒーを買収

   2001年5月14日
   コカ・コーラが高級紅茶メーカーのマッド・リバー・トレーダーズを700万ドルで買収

   2004年5月16日
   コカ・コーラがプラネットジャバとマッド・リバーの販売を棚上げ
4. コカ・コーラに反感を持つ消費者が、オネストティーをボイコットする可能性がある

お手本になる案件を考えていました ストーニーフィールドのゲイリー・ハーシュバーグは株式の過半数をダノンに売却した後も経営のコントロールを握っています
コカ・コーラが少数株主になって私たちが経営し続けることは可能ですか？
これまでそういうケースはなかったが…オネストティーの規模なら許されるかもしれない
御社にぜひ投資したいので考えてみよう
将来に過半数を取れる可能性があるなら今は少数株主でもいい みんなで集まって話し合おう
ニューヨークの弁護士事務所
企業価値はどのくらいでしょう？
ジョーンズソーダを目安に同じ売上比率なら我が社は2億5000万ドルになります
じゃあ決まりだ
!
冗談だよ それは欲張りすぎ

まずは企業価値に戻ろう
目標はなんだろう？
オネストティーの将来像は？
企業使命の達成に努力します
もしコカ・コーラの流通力があれば
オネストティーは変化の主体になれます

コカ・コーラが大株主になると
オネストティーのファンから
反感を買うだろうか？
受け皿会社を経由して
投資すべきだろうか？

消費者に隠し事はしません
コカ・コーラとの関係を
隠したら正直じゃなく
なってしまいます

消費者にコカ・コーラとの提携が
なぜ僕たちの使命を広める
助けになるのかを説明すべきです
僕たちが正直にならなければ…

商品に妥協せず
売上規模を拡大できれば
社会的使命の達成に
近づきます

バリー　君の希望は？
オネストティーが21世紀の
偉大なブランドになることです
アメリカ人の食文化を
変えたいんです
消費者をバカにしても成功
できると言ったH・L・メンケンが
間違っていたと証明したい
私たちもまったく同じ
気持ちです

では全員の希望を叶えるには
どんな条件にしたらいいだろう？

大まかには次のような
構成でどうだ？
コカ・コーラが現時点で合意した
価格で40％の株式を買う…
オネストティーに流通網を開く…
将来のいつかの時点で
なんらかの計算式に基づく価格で
残りの株式を買い取る…

流通業者はコカ・コーラの子会社
じゃない…だからオネストティー
との取引を強いることはできない
でももし
取扱いたければ
許可はできますね
もちろん

具体的な
評価額は？
まず３年は全面的に経営を
今のまま任せてください
その間に売上を１億ドルまで
上げるつもりです

私たちの予測だと
7000万ドルだが
3年後に目標を達成したら
相応の市場価値で評価して
欲しいんです

だが成長を助けることで
さらに買収価格が上がると困る
ですから１億ドル以上の
売上を達成した場合には
評価倍率を下げましょう
目標以上の達成部分は
コカ・コーラのおかげですから

大枠はそれでいいが
売上目標と評価倍率に合意
できるかどうかわからないな
最近の他の案件の詳細を見て
また次回話し合おう

数日後
ペプシから連絡があった
コカ・コーラへの売却話の噂を聞いて
私たちと話したいそうだ

デリックとマイクは
競争入札は避けたいと言っていた
彼らを裏切れないよ

そうだな…だがこれは
見合いみたいなもんだ
コカ・コーラが一番か
ペプシがいいか？
コカ・コーラの方が僕たちが
貢献できる部分は多いと思う
ペプシは傘下のリプトン紅茶が
好調だしソブとイジーが自然食品
部門の商品として貢献してる

コカ・コーラなら僕たちは
健康的でサステナブルな
紅茶ブランドとして貢献できるし
新興ブランドの専門部隊も
サポートしてくれる
マイクとデリックも
いい人たちで働きやすい

コカ・コーラは以前に
新ブランドで大失敗してる…高い代償を
支払ってブランド価値の維持について
学んでいると思うよ…僕たちの方向性を
変えようとはしないんじゃないかな

確かにそうだな
ここは彼らを信じよう

1年後、株式市場は暴落した…ジョーンズソーダの売上は低迷し
時価総額はピーク時の8億ドル超から800万ドルまで下がった…誤植ではない

ネスレの提示価格よりずっといい
だが最大株主としてはコカ・コーラが
3年以内に買収することが条件だ
グナー・ウェイカート
インベンテージ

…

家族との話し合い
生活は
変わるのかしら
僕は変えるつもりは
ないよ…これまで通り
好きなことをする

というか…これまでは
資金調達と流通の開拓と製造問題に
時間を使いすぎていたんだ
これからはブランド構築と
企業使命に集中できる
もしコカ・コーラが
これまで築いたものを
ぶち壊しにしたら？

だからこのまま経営に残りたいんだ
オネストティーはまだ10歳で
息子のイサックと同い年だ
まだまだ手が離せない
もう少し
大人になるまで
世話をしないとね

アトランタに
引っ越すの？
このまま
ここにいるよ

どう思う？
いいと思う…あなたに
もっと家にいてほしいわ
子供たちもそう思ってるし

教職…執筆…コンサルティング…
取締役…それにオネストティーの
仕事でしょ…忙しすぎたのよ
もうすぐレイチェルもゾーイも
大学生よ…一緒に過ごせる
時間はもうあまりないの

取締役会での話し合い
我々の予測ですと…
この価格なら株主には
30倍のリターンになりますし
流動性も提供できます

一番の懸念はコカ・コーラには
買収の選択肢がありますが我々に
それを強制する権利がないことです
こちらから売る権利が欲しい

コカ・コーラは必ず買うと
言っていますが…

状況が変わる
こともある
今は欲しがっているかもしれないが
もし彼らが買収しなければ
我々は難しい立場に置かれる
コカ・コーラの流通にしがみついた
まま孤児になるんだよ

デリック　取締役会は価格には賛成だが
売る権利が欲しいと言っている
それが解決しないと案件が進まない
自分は条件を提示する立場に
ないのでこちらの取締役会に諮ろう
必ず買収するから信頼してくれ
翌日
ネスレと話し合ったんだが
ネスレ側ではコカ・コーラと
同じ価格で…かつ売る権利も
付与するとのことだ
取締役会に諮ってほしい
私はオネストティーの大ファンなんだ
御社はコカ・コーラの買収候補の筆頭だ
だがもう時間切れだ…もし売る権利を
つければそれでケリがつくかね？
サンディー・ダグラス
コカ・コーラ北米 社長
はい
決まり
です
よかった

ニューヘイブン
ありがとう
ございました

ニューヘイブン名物の
アサリのピザです
お土産にどうぞ
PIZZA

コカ・コーラファミリーの
一員になってくれてありがとう！
素晴らしいブランドを作ったね
まだまだこれからが本番だ
買収の目的を伺っても
いいでしょうか？
ムーター・ケント
コカ・コーラCEO

起業家に元気になって欲しいし
創造性を発揮して欲しい…うちのような
大企業ではなかなかそれができないんだ
オネストティーは創業の精神に
サステナビリティが組み込まれているね
それを我が社にも広めてほしい

オネストティーをコカ・コーラ
みたいにしようというのではない
コカ・コーラをオネストティー
のようにして欲しいんだ
素晴らしい
たくさん
アイデアが
湧いてきたぞ
オネストティーのラベルに
「まずは飲料から世界を変えよう」
と書きました…御社と一緒なら
それが実現できますね

## 66. ブランド確立期に学んだこと

私たちは喉がカラカラだった。
それに、幸運だった。

勤勉さと正しい戦略だけでハッピーエンドを手に入れたわけではない。自然食品店のバイヤーに見向きもされなかったかもしれないし、エリーの手術が失敗していたかもしれない。例の大きなカビがオネストティーのボトルに入っていたかもしれない。セスが自動車事故で致命傷を負っていたかもしれない。オプラ・ウィンフリーは別のヨガ合宿に行っていたかもしれない。オバマは紅茶ではなくコーヒー好きだったかもしれない。

私たちは多くの幸運に恵まれたが、その中のひとつでもまずいことになっていたら会社が潰れていた可能性も十分にある。では、なぜ私たちは失敗と不運を乗り越えて生き残り、チャンスを掴むことができたのだろう？ 私の考えを披露する前に、まず生き残りがどれほど難しいかを説明しよう。

ビジネスの世界は情け容赦ない。数学の試験なら90点でAがもらえる。だが、スタートアップはひとつの失敗がもとで潰れることもある。急速な成長で資金繰りに行き詰まる場合もある。金融危機のあおりを受けて融資を凍結されるかもしれない。契約ミスで株主や投資家に迷惑をかけることもある。採用の失敗で企業文化や業務や営業やその他すべてのことに支障が出る可能性もある。

私たちの致命的な間違いはボトリング工場を買い取ったことだった。2005年にその工場を売却するまでに、損失は100万ドルを超え、私たちは何日も眠れぬ夜を過ごした。

セスはそもそもあまり眠っていなかったが、それでも100万ドルを余分に資金調達しなければならず、株式持ち分も希薄化された。それよりなにより、消費者の安全が心配だった。ボトルに混入したガラスでだれかが怪我をしていたかもしれない。製品、ブランド、経営陣、タイミングがすべて整っていても、ボトリング工場の失敗ですべてが水の泡になっていた可能性もある。

たいていの起業では90点も難しいとしたら、自分の責任にしろ不運にしろ、このような避けられない失敗をどうしたら乗り越えられるのだろう？

## 生き残り作戦

第一の答えは、起業の原点にある。製品（またはサービス）が、従来のものと根本的に違っていて、しかも優れていなければならない。

自分たちの製品やサービスを人々が本当に気にかけていれば、多少のことは大目に見てくれる。だが消費者、バイヤー、投資家に気にかけてもらうには、既存品よりも1割優れているだけではダメだ。コーンシロップのかわりにサトウキビを使うくらいではまったく足りない。カロリーを7割削り、本物の茶葉を煮出すくらいでなければ、消費者の注意を引きつけてファンになってもらうことはできない。

アップルの初期ユーザーだった私は（リサ時代からのファンだ）、さまざまな不都合にもめげなかった。マックに熱狂的に入れあげていたからだ。FINISのSwimp3ヘッドホンは骨伝導式で水泳中に音楽が楽しめた。初期の製品は見栄えが悪かったが、それでも私は使い続け、新しいバージョンに買い換えていった。それは、この製品がそれまでにないラジカルなソリューションを提供してくれたからだ。私にとって水泳はずっと退屈だった。だがSwimp3のおかげでポッドキャストを聞きながら泳げるようになった。もちろん機能に不満がないわけではないし、ライバル製品が改善されればFINISも危ないかもしれない。だが、今のところは、多少のトラブルは大目に見るつもりだ。

オネストティーのラジカルな戦略は、甘さを抑えた飲料の需要を満たすことだった。単なる水では面白くないし、ダイエット飲料は人工的だ。巨大な飲料企業は、私やセスやその家族や友人、そしておそらく読者の皆さんの存在も、ニッチな市場だと思っていた。今ではそのニッチが主流になりつつある。だが当時、私たちのターゲット顧客はあまりにも長い間無視されていたため、オネストティーをありがたがって２度目、３度目のチャンスを与えてくれたのだった。

とはいえ、これまでにないもの、従来よりはるかに優れたものであればそれで十分かというと、そうではない。

もうひとつの生き残りに欠かせないポイントは資金調達だ。もちろんお金は大事だが、ここでは経済学で言う、評価資本に注目したい。それは自分たちへの信頼の価値だ。

## 評判に投資する

評判を築くことができれば、セカンドチャンスを与えてもらえる。ただ、信頼してもらうには時間がかかる。スタートアップの初期は創業者や経営陣や株主の評判が会社の信用につながるが、会社自身が評価資本を確立する必要がある。「銀行は晴れの日にだけ傘を貸してくれる」とよく言われる。つまり、ピンチになったときには遅いということだ。評判も同じだ。それを使わなければならなくなる前に、信用を築かなければならない。

オネストという名前がここで役に立つ。本当に正直なのかと疑う消費者もいる。社名通りの行いをしているのか？　私たちは「信用してください。私たちは正直です」と答えている。砂糖たっぷりの飲料に騙されてきた消費者は、私たちに成分表示の証明を求めた。16オンスボトル飲料に８オンス毎のカロリーを表示するのはなぜかと聞かれた。当然の質問だ。そこで、私たちは１本の総カロリーも表示することにした。もし８オンス分のカロリー表示が規制により必須とされていなければ、１本分の総カロリーだけを表示していたはずだ。

正直であるということは、本物の茶葉と、本物のはちみつ、砂糖、アガベを使うということだ。それはオーガニックな材料と、できる限りフェアトレードの材料を使うことだ。規制で許されていたとしても、5キロカロリーをゼロと丸めて表示しないことだ。私たちはミスを犯したが、信頼を築いていたため、消費者はセカンド・チャンスを与えてくれた。私たちは心からの謝罪とともに、消費者にたくさんの割引券を送った。

小売店のバイヤーに対しても、私たちは信頼を築くために大きな投資をした。ボトルにガラスが混入したときには、リコールの声が高まる前に自主的に商品を回収した。小売店舗から即売を求められたら、必ずそれに応えた。商品開発の段階でバイヤーに試飲してもらい、彼らの意見を重視した。

投資家の信頼を得るために、私たちは自分のリターンより投資家のリターンを優先させた。いい知らせも悪い知らせも包み隠さなかった。四半期ごとに詳細な業績報告を行い、年次の株主総会を行った。時間のかかる仕事だったが、投資家が不意をつかれることはなかった。

きわめて斬新で、既存企業よりも優れ、資本を調達できても、成功は保証されない。それは生き残りの確率を高めるだけだ。学生が起業の相談にくるといつもやめろというのはそのためだ。

## 教授から若い起業家へのアドバイス

若い起業家は情熱にあふれているが、そのアイデアが現状より少しの改善しか提供できないなら、成功には至らない。アイデアが壮大でも、既存企業の方が実行に向いている場合もある。スタートアップが大企業の単なる実験台というようなことにもなりかねない。さまざまなことがうまくいっても、資金調達は常にネックになる。起業するだけの資金はあっても、嵐を乗り切るには足りないかもしれない。資金も評判も経験も足りなければ、成功どころか生き残りもおぼつかない。

ネガティブなことばかり言うようだが、若い起業家に励ましはいらないだろう。彼らはどちらかというと自信過剰気味で、うまくいかないことなど想像できず、うまくいってもありがたさがわからないものだ。もし私がやめろといってやめるようなら、それは生き残りに必要な確信も情熱も持ちあわせていないということだ(ここでトリックを教えてしまったので、もう学生は引っかからないだろうが)。

もちろん例外はある。若い起業家には不利な点も多いが、彼らはウェブベースのビジネス、特に友だちを相手にしたサービスを理解しソリューションを提供することには長けている。若さが有利に働く場合もある。だれかに対して責任を負うこともない。ソファで寝てもいい。失うものがなければ融資の個人保証も怖くない。

では、若い起業家はどうすればいいのだろう？ ひとつの方法はだれかのお金で練習することだ。別のスタートアップに入ってなにがうまくいってなにがうまくいかないかを自分の目で見るといい。つまり、他人の経験から学ぶのである。自分の信用を築き、採用だけでなく投資家の人脈を作ろう。

ここで注意しておきたいことがある。他人の会社にしろ自分の会社にしろ、一度スタートアップで働くと、大企業には戻れなくなる。大企業が起業家の経験を評価しないというわけではない。たいていの企業はそうした経験を資産と見てくれる。だが動きの早いスタートアップの環境に慣れると、大企業の官僚制に耐えられなくなるのだ。

事を急ぐ必要はない。私もオレンジジュースと炭酸を混ぜるアイデアを何年もこねくり回したあとに、茶葉を煮出して甘さを抑えたアイスティーを作ることを思いついた。ほとんどの起業家にとって、最初のアイデアは最高のアイデアではないと思った方がいい。

大学生たちが、ケータリングをやったりTシャツを売ったり、折り畳み傘の自動販売機を作ったりして無駄に時間を過ごしているのをこれまで目にしてきた。もちろん、図書館の司書のアルバイトよりはマシかもしれない。だがこれらは小遣い稼ぎにはなるかもしれないが、大学をドロップアウトしてまでやるようなことではないし、授業をサボるほどの価値さえない。

ピーター・ティールは大学を辞めてスタートアップの夢を追求しろと言うが、MBAの学生を教える仕事もまんざらではないと恥ずかしげもなく宣伝しておこう。最近の教育はますます専門化してきた。英語専攻の学生は、フィクション、ノンフィクション、詩や演劇を読むところから始める。そのうち20世紀の文学に絞り込み、その後バージニア・ウルフを研究し、『ダロウェイ夫人』の専門家になる。大学院は専門家を育てる場所だ。だが、ビジネススクールはそれと正反対だ。経理、経済学、財務、マーケティング、交渉、オペレーション、組織行動、戦略など幅広く教えている。学生は慣れない分野の学習を強いられる。

スタートアップ経営の難しい点は、経営者がすべてを行い、あらゆる分野の達人にならなければならないことだ。よく知らない分野があれば、そこでミスが起きやすくなる。そして、口を酸っぱくして言っているように、ひとつのミスが致命傷になることもある。もちろん専門家を雇うことはできるが、経営者自身がそれを本当に理解していなければ適材を雇うこともマネジメントすることも難しい。私たちもオペレーションでその間違いを犯した。

起業家志望者は学校で学ぶべきだが、教師もまた実社会を経験すべきだ。学習は双方向のものだからだ。私も実社会の経験を思い返すと、授業に活かせる数々の教訓がある。

## 私が学んだ教訓

オネストティーの経営を通して、私はブランドの本当の意味と力を知るようになった。ただ表面を繕うだけでは、偉大なブランドを生み出すことはできない。偉大なブランドには使命が必要だ。似たようなミッション・ステートメントを沢山見てきた私は、社名や企業使命が社内外にそれほど影響を与えるものだとは思わなかった。だが実際には、ブランドが私たちの行動と、人々の私たちへの認識を決めていた。今では私はブランドの力を信じている。

奇妙なことに、今振り返ると、私たちはどんなブランドを築いているのかを自分たちでもわかっていなかった。最初の5年間は自分たちをアイスティーの会社だと思っていた。だからティーバッグ事業にも手を出した。オネストエードとオネストキッズが売れ始めて、大切なのは「ティー」ではなく「オネスト」の部分だということに気がついた。このブランドは、本物で、健康で、オーガニックな商品を体現するものだった。

自分が何者かを知れば、成功のチャンスも広がる。先ほど、最初の教訓は「ライバル会社にコピーされる危険」だと言った。だが自分自身をコピーすることもできる。クイズ番組の「ジェパディー」のようなものだ。答えがわかれば、問題がわかる。私たちの答えは、人々に信頼される、甘さを抑えたオーガニックな飲料だった。その答えを応用できるのは？ フルーツ飲料と子供向け飲料はブランドを拡大できる大きなチャンスだった。最初からこのラインが頭にあったわけではない。今は、甘さ控えめの「オネスト」な商品需要がどこにあるかを探している。ひとつはヨーグルトだ。もうひとつはコーンフレーク。甘くないゲータレードはどうだろう？ 炭酸は？ はじめはオレンジジュースと炭酸は無理だと思っていた。だがオネストティーが確立され世界最大級の流通を利用できる今ならうまくいくかもしれない。乞うご期待を。

それから、もうひとつはっきりさせておきたいことがある。この本の最初に、「それほどいいアイデアなら、なぜだれもやっていないのか？」と聞いた。私たちは自分の勘を信じてはいたが、この問いに答えられていなかった。

より業界の実情を知るようになった今は、確立された企業にとってなぜそれが難しかったのかわかる。

まず考えられるのが堂々巡りの罠だ。だれもやったことがないのなら、ニッチ市場に違いない。データがないために市場規模が掴めない。そのため、すでに確立された顧客のいる市場へと全員が向かう。私たちは、確立された90%の市場の100製品と闘うよりも、10%の市場を握る方がいいと考えた。

大企業は基幹事業を守ろうとするものだ。既存の巨大飲料会社が別部門を作って甘さを抑えた製品を販売すると考えてみよう。新部門は甘い飲料から市場を奪おうとする。そのライバルの中に自社の一番人気商品も含まれるとすれば、新部門はマーケティングにおいて手足を縛られるだろう。だが、既存品との対比を明確にしなければ、新ブランドは従来製品とそれほど変わらないものに見られてしまう。

もうひとつの理由は、大企業が新製品の発売に社内で高いハードルを設定していることだ。あるグローバル企業は、ブラインドテストでライバル商品に６対４の割合で勝った製品だけを発売するというルールを設けている。一見、これは理にかなっているように思える。既存製品に６対４で負ける製品を発売したい企業はないはずだ。

だが駆け出しのオネストティーのようなブランドがこうしたテストで勝つことはない。少なくとも大企業のテスト方法では勝てない。なぜなら、サンプルが少量だし（１本対２オンス）、被験者が適切でない場合もあるからだ。企業は若い消費者を惹きつけて、生涯に渡る関係を築こうとする。だが、嗜好は年齢と共に変わっていく。大人は10代の若者ほど甘さを求めない。オネストティーとスナップルを比べれば、必ずスナップルが勝つ。だが、私たちのターゲットはスナップルが嫌いな消費者だ。従来の市場調査では新しいカテゴリーを創りだすことはできない。だから、理論を実践するのが難しいのだ。

もちろん、理論を実践に移すのはセスだ。私の仕事は単純だった。セスの成功を助けること。つまり、アドバイザーに徹することだ。またそれは、邪魔なものをセスから遠ざけることでもあった。だから私が悪役を引き受けることになった。セスはもともと人に好かれる性格だし、その状態を保たなければならない。だがサプライヤー、流通業者、投資家との交渉では、対立が起きることもある。だれかが強面に出る必要があるとすれば、それが私の役目だった。セスの成功は、私の成功でもあったのだ。

バリーと僕は、毎週のように飲料や食品会社を立ち上げたいという起業家からアドバイスを求められる。僕がいつも始めに言うのは、コメディー映画の「モンティ・パイソン・アンド・ホーリー・グレイル」のこの台詞だ。「逃げろ、逃げろ！」

起業の楽しさとやりがいを強調するのは簡単だが、どのくらい危険かを伝えるのは難しい。お金をくすねられたり、給料が払えない不安で不眠になったり、ライバルにコピーされたり、貯金が底をつくかもしれないと冷や汗で目が覚めたりする。飲料業界はドッグイヤーだ。1カ月が一瞬のように感じられることもあれば、1日が何週間にも感じられることもある。

それなら、なぜ挑戦するのか？ 情熱があるからだ。僕にとってオネストティーは大きなビジネスチャンスという以上の意味がある。それは、健康的な飲み物を通してアメリカ人の食生活を改善し、化学物質を減らすことで生態系を助け、経済支援が必要なコミュニティを助けることだ。こうした大きな使命が、僕をやる気にさせるし、インスピレーションを与えてくれる。多くの社員や株主もまた、そのことでやる気になる。
当然ながら、リターンをより重視する人たちもいる。僕たちは幸いにも企業使命と株主へのリターンの両方の目標を達成することができた。

それは運が良かったからなのだろうか？ ここが、バリーと僕の意見の少し違うところだ。僕たちは喉がカラカラだった。僕たちはそれなりにラッキーだった。それは、僕たちが死ぬほど働いたからだ。

コカ・コーラに投資家として参加してもらったのは、ちょうど健康的な食生活への関心が高まったタイミングで、金融危機の直前だった。その後、コカ・コーラの支援があったが、金融危機のあおりを受けた。だが、僕たちが単にいい時にいい場所にいたとは思わない。そこまでくるのに10年かかった。その10年の間に、僕たちより豊富な経営資源を持つライバル企業が生まれては消えていった。僕たちの成功は一夜にしてできたものではない。

僕のお気に入りの格言のひとつは、UCLAのバスケットチームのコーチだったジョン・ウッデンの言葉だ。何度も死にそうになりながら、僕たちが挽回できたのは起業に必要な３つのＰを持っていたからだ。情熱（passion）、粘り（persistence）、そして忍耐（perseverance）だ。

このストーリーを読んだ皆さんに、僕からの教訓をここで伝えよう。

最善を尽くす人に
最善は訪れる
ジョン・ウッデン


**魔法の杖はないが、小さなきっかけは沢山ある。**
成長が加速したきっかけや節目があるかとよく聞かれる。僕たちの転換点となった出来事をいくつか挙げてみよう。

・オプラ・ウィンフリーの雑誌に取り上げられた
・ストーニーフィールドからの出資が決まり、ゲイリー・ハーシュバーグが取締役に加わった
・「ほんのり甘め」に表示を変えた
・全商品ラインがオーガニック認証を受けた
・ガラスボトルとプラスチックボトルの製品ラインと流通を分けた
・紅茶からオネストエードへと商品ラインを広げた
・オネストキッズの商品ラインを加えた

ストーニーフィールドの出資が決まった翌朝のことは今でも忘れられない。僕は机について電話が鳴るのを待っていた。ものすごい儲け話が次から次へと舞い込んでくるものだと思い込んでいたのだ。11時になっても一本の電話もかかってこなかったので、まだ営業を続けなければならないのだと気がついた。

こうした出来事が転換点になったのは、それが営業につながったからだ。だがそれも、社員の次のような小さな行動の積み重ねのおかげだった。

・少し早起きして小売店の棚を並べ直した
・何時間も試飲会で立ちっぱなしでも笑顔を絶やさず楽しんだ
・レシピやラベルのデザインを少し変えて、商品を魅力的に目立つようにした
・サプライヤーを説得して支払い期限を延ばしてもらった
・運送費を下げるよう交渉しその分を採用に回した

こうした目立たない行動が成功につながった。そんなもうひと押しの努力はお金では買えない。それは共通の使命と目標に裏打ちされひとつになった人々の献身の結果だった。

## 売却する

スタートアップがうまくいくと、買収したいという相手が出てくる。交渉の間は頭がクラクラするような紆余曲折の連続だ。僕は事業売却の専門家ではないが、自分の経験から「すべきこと」と「すべきでないこと」を挙げてみよう。

**遊びで付き合うな。**高校時代の僕は奥手で、女の子をなかなかデートに誘えなかった。土曜の晩はだいたい家でテレビを見ていたものだが、オネストティーが買収候補として声をかけられたとき、その奥手な性格が役に立った。ちやほやされるのはうれしかったが、長期的な関係を結べる相手でなければむやみに誘いにのらなかった。いいチャンスを逃したかもしれないが、僕が策を弄しない率直な人間だという評判につながった。それに、気を散らすようなことを極力さけたことで、本業に集中しブランドの長期的な価値を構築することができた。

**相方を信頼する。**ネスレとの交渉がおじゃんになったとき、バリーのせいだと責めることもできた。だが、バリーと僕は10年もいいチームとして一緒に働いてきたし、交渉をしくじったからといってふたりの関係が壊れることはなかった。彼が僕を守ってくれていることはわかっていた。中国のすべての茶葉をくれると言われても、バリーを売り渡すつもりはない。ただし、それがフェアトレード品ですごく安いなら考えてもいいが。

**一番大切な仕事を他人に任せるな。**コカ・コーラとの合意をまとめることは、僕たちにとって最も重要な交渉だった。その過程で提携の本質と関係性の色合いが決まり、当然ながら株主へのリターンも決まった。普通なら投資銀行や弁護士がこうした交渉を行うものだが、僕とバリーは弁護士と一緒にほぼすべての話し合いに積極的に参加した。だからこそ、相手を知ることができたし、相手のストレスや問題解決スキルを理解し、最終的に信頼に値する相手かどうかを知ることができた。

同時に、交渉に投資銀行や弁護士が必要な理由もわかった。懸けるものが大きすぎると客観的になれない。もし交渉に失敗したら、仕事を失い、家族を養うこともできなくなる。だが相手はこの結果次第で人生が変わるわけではない。だからこそ、自分が信頼できて、客観性を保てる人が必要になる。長年一緒に仕事をしてきた弁護士のジョージ・ロイドは、僕たちの強みも弱みも知り尽くしていた。彼は本当の意味でのカウンセラーだった。そうした関係を早いうちに築いておいた方がいい。リスクの高い交渉の間にはじめてお互いを知り合おうとしても無理だ。

**自分がなにをしたいかを見失うな。**使命重視の企業がその魂を失ったり、リーダーがいなくなってしまう例は数知れない。ベン・アンド・ジェリーのベン・コーエンも、シルクのスティーブ・デモスも、もう一度交渉し直せるならやり直したいと言う。僕はオネストティーがそうならないよう、最大限努力した。僕たちの課題は、企業使命を「売り渡す」のではなく、これを「大切にして」くれるパートナーを探すことだった。僕は経営を降りるつもりはこれっぽっちもなかった。これだけ苦労したあとで、もっと多くの消費者に自分たちの使命を広げるチャンスができたのだから。

すべての起業家がそう思っているわけではないだろう。事業が軌道に乗ると飽きてくる人もいれば、次のスタートアップを立ち上げたいと思う人もいる。自分がどんなタイプかを知って、新しいパートナーがお互いの目標を理解していることを確かめよう。

**身近な存在であり続ける。**僕は今も消費者から会社に寄せられるメールのすべてに目を通している。コカ・コーラとの合意がニュースに出ると、これを快く思わないファンもいた。僕は個人的に彼らに返事を出し、動機を説明し、懸念に応え、僕たちが正直でい続けられるように支援を求めた。

コカ・コーラがオネストティーの40%を買い取り、3年後に過半数を買収する権利を獲得したと聞いて、驚くとともに失望しています。この10年間、健康的でオーガニックな商品を販売し続け、環境と品質と原料供給者への社会的正義にこだわってきたオネストティーが、そうした原則を破ってグローバルビジネスを行ってきたコカ・コーラと提携すると決めたことに困惑しています。

ジュリーより

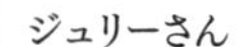

ジュリーさん
率直なご意見をありがとうございます。メールから察しますと、コカ・コーラが私たちの飲料を販売すれば世界はよくなると思っていただけるのではないでしょうか。問題は、オネストティーがコカ・コーラによって堕落するかどうかです。私はこれまでと同じ製品を売り続けるとお約束します。この10年間苦労して築いてきたブランドですから。いままでも、製品コストを下げるような選択肢(有機サトウキビをコーンシロップに替えたり、フェアトレード品でない茶葉を使うといったこと)もありましたし、カロリーを加えることもできましたが、いつもこのブランドを「正直」に保つことにこだわってきました。コカ・コーラはそんな私たちに価値を見出してくれたのです。もしそれを変えるつもりなら、オネストティーに投資せず自分たちでブランドを作っていたはずです。
私たちの今後の行動を見て判断してくださることを願います。もし私たちがオーガニックや健康やサステナビリティの面で後退したと感じたら、ぜひ教えてください。

セス

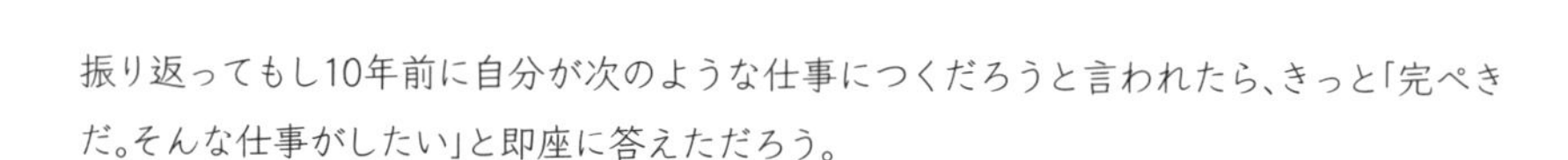

振り返ってもし10年前に自分が次のような仕事につくだろうと言われたら、きっと「完ぺきだ。そんな仕事がしたい」と即座に答えただろう。

・情熱的で多様な社員のチームを導く
・アメリカ人の食生活のカロリーを大幅に下げる
・農業への持続可能な取り組みを支援する
・途上国で地域レベルの経済発展のチャンスを創り出す

しかし、こう質問したはずだ。「それはどこの非営利ですか、またはどの政府組織ですか？」と。飲料業界が自分にとって変革の媒体になるとは思いもしなかったし、今でも飲料の販売を生業にしている自分に驚くことがある。

子供のころ、だれかの生活を向上させるような仕事がしたいと夢見たものだった。それには政治家になるのが一番だと思ったこともある。だがオネストティーを始めて、消費者の毎日の選択が、よりよい世界をつくる助けになるのだということがわかった。

数年前、ジョン・メイヤーの『ウェイティング・オン・ア・ワールド・トゥ・チェンジ』がヒットした。メロディーはよかったが、メッセージは間違いだ。待っていても世界は変わらない。僕たちの毎日の選択、つまりなにを着るか、どう生き、どう働き、どう動くか、なにを食べるか、そしてもちろんなにを飲むかが世界を変える。

向かう方向を変えなければ
その方向に行き着く

中国のことわざ

オネストティーの本社の真ん中には営業ボードがあり、僕たちは毎日の注文をそこに書き込む。

ボードを見れば販売本数が一目瞭然だが、僕にとってそれはただの注文ではない。それは僕らの使命がもたらすインパクトを日々表す指標だ。

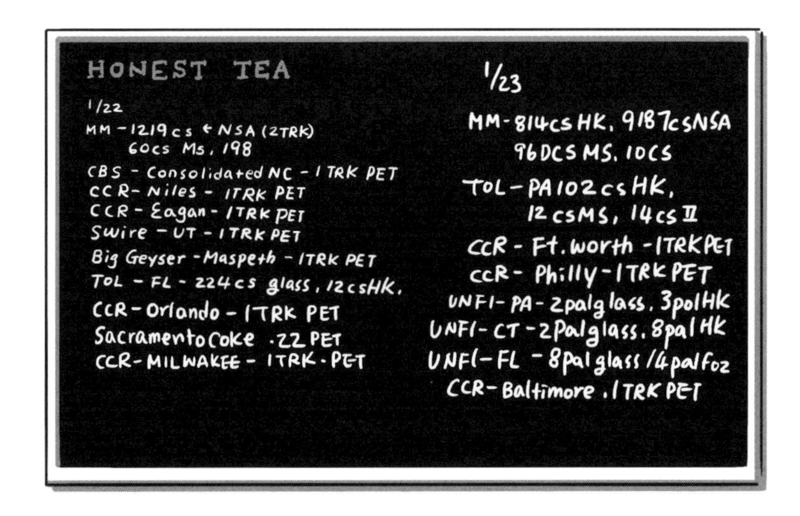

1日の終わりにボードが埋まっているのを見ると力が湧いてくる。それはぼくらが世界を変えるのに小さいながらも役立っていることを示しているからだ。

ボードが一部しか埋まらない日もある。そんな日には、ここまで長い道のりだったけれど、まだまだ自分たちの製品は一般的なアメリカ人の飲み物とはレシピも原材料も大きく違っていることを思い知らされる。変化は簡単ではないが、僕たちはより良い未来をつくろうとする情熱と挑戦に燃えている。

自宅のキッチンでバリーと一緒に5本の保温瓶に紅茶を注いでから、僕たちは大きな進歩を遂げてきた(あの保温瓶は今もオフィスにある)。しかし、アメリカ人や地球全体の健康を考えたとき、なすべきことはまだまだ多い。

オネストティーは正しい時に正しい場所にいただけなのだろうか？ 信じるなにかを創りだそうとしても、成功するとは限らないことはわかっている。だが、もしそれが闘う価値のあるものならば、勝とうと負けようと、君は正しい時に正しい場所にいるということだ。

無理だと言う人は
それを実現しようとする
人の邪魔をするな
中国のことわざ

コカ・コーラは2008年にオネストティーの40%株主となり、2011年に100%を所有した。セスは今もベセスダでオネストティーを経営している。バリーもイェールで教えている。セスは以前よりよく眠れるようになった。融資の個人保証を心配する必要がなくなったのと、いいマットレスを買ったからだ。バリーは40ポンドのダイエットに成功し、オフィスの書類の山を片付けて(みんなの手を借りたが)机が見えるようになった。

ネスレは公言通り、別の紅茶ブランドを買収した。トレードウィンドとスウィートリーフだ。ペプシはタゾの流通を買収し、競争はますます激しくなっている。

コカ・コーラの資本参加を受けた後にも、難しい局面は何度となく訪れた。2008年の金融危機の最中も僕たちは急拡大を続けていたが、長く取引のあった銀行は融資枠を拡大してくれなかった。幸運にも投資家のひとりが1000万ドルの信用を貸与してくれた。

2009年に昆布茶フレーバーを発表し、味も売上も非常によかったが、商品をすべて回収しなければならなかった。ある小売店が無作為のテストを行ったところ、昆布茶フレーバーの全商品から法的上限の0.5%を超えるアルコール分が検出されたのだ。人気があったはずだ(僕たちの弁護士は、生産工場から出荷された時点では法的上限の範囲内だったが、自然変異と店側の手違いで基準値を超える値が検出されたことをここで付け加えるようにと要求した)。

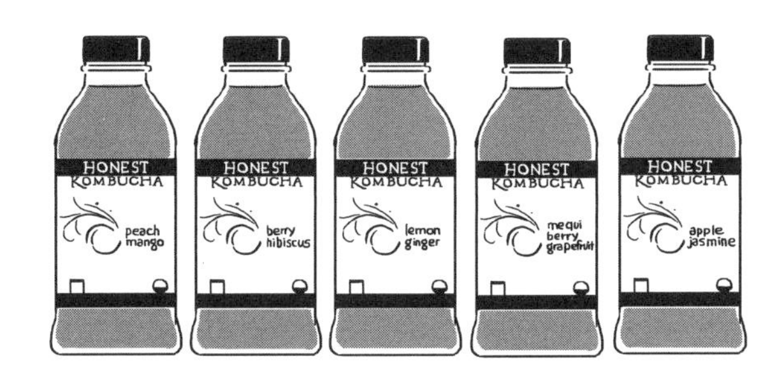

コカ・コーラとはすべてのことで意見が一致するわけではなく、オネストキッズの箱から「コーンシロップゼロ」の表示を除くよう求められたこともある(がしなかった)。しかし、力を合わせていくつかの成果もあげてきた。コカ・コーラの認証を受けた２つのボトリング工場に世界最高級の茶葉の煮出し生産システムを設置した。また、コカ・コーラはオネストキッズの改善に手を貸してくれ、オーガニックの果汁で甘さを出すことができた。コカ・コーラの助けがなければ、これは実現しなかった。

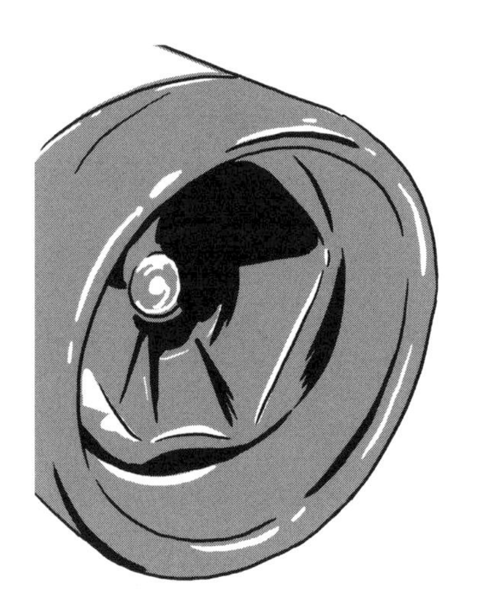

**ボトルが軽くなったのに気づかれましたか？**

**環境にやさしいこのボトルは22%軽量化され、年間100万ポンドのプラスチックを削減しています。ですが形状を保つために底にくぼみをつけています。それでも内容量は今までと変わらずぴったり16.9オンスです。皆さんを騙そうとしているわけではありません。**

プラスチックの使用量を削減するため、僕たちは軽量ペットボトルを使うことにしたが、それは型崩れの原因にもなった。形状を保つためにボトルの底に窪みを入れたが、内容量をごまかすためだと誤解する消費者もいた。そこで、一時的にポストイット型の注意書きをラベルにデザインした。その後すぐに、ボトルの形状も変えた。

2011年には、大胆な味のカカオ飲料を発売した。このオネスト・カカオノバは見事に大失敗し、12カ月後には早々と撤退した。

よくあることだ。

そうしたさまざまな出来事の間も、
オネストティーは成長し続けた。2007年に2300万ドルだった売上は2012年には8850万ドルになった。2012年7月11日の営業ボードの1日の注文は110万ドルにのぼり、これは僕たちの初年度の売上を超えていた。2007年には52人だった従業員数は、今では112人になった。2008年にコカ・コーラが投資を決めた時に1万5000店だった流通店舗数は10万店を超えた。

売上が増えるにつれて、僕たちは社会的使命の面でも前進した。2011年にはようやくすべての商品にフェアトレード認証を受けた。ペットボトルの軽量化にも成功し、プラスチックの使用量を22%削減した(型崩れもなくした)。説明責任を果たすため、年次の「キーピング・イット・オネスト」という報告書を発行し、オンライン上でだれでも読めるようにした。

飲料業界もまた、進化してきた。それらがすべて僕たちのおかげというわけではないが、ここにいくつかの変化を記しておこう。

・1998年にオネストティーを発売したとき、16オンス入りスナップルは180キロカロリーだった。2012年の平均は140キロカロリー程度だ。
・2007年にオネストキッズを立ち上げたとき、カプリ・サンは100キロカロリーだった。2012年にはそれが60キロカロリーになっていた(といっても容量も12%減った)。子供向けにも甘さを抑えた飲料が売れることを僕たちが証明したと思いたい。カプリ・サンが毎年数十億本売れていることを考えれば、子供たちのランチから数十億キロカロリーが削減されたことになる。
・オネストキッズを発売する前は、子供用ドリンクのパウチパックはすべて廃棄物になっていた。テラサイクルとの提携によって1億4000万個を超えるパウチパックがアップサイクルに回されている。

オネストティーのビジネスモデルと市場での成功によって大企業もこのトレンドに続いたが、まだまだできることは多い。ボトルとパウチパックを合わせて1億本以上を販売することで、アメリカ人の食生活から数十億キロカロリーを削減することができた。僕たちが成長すればさらにカロリーを削減でき、健康的な食生活へと国全体を導く助けになれる。

オーガニック食品の売上高は拡大を続けているが、それでもまだ食品全体の5%にしかすぎない。僕たち自身は自然食品店の大ファンで、彼らの存在がなければオネストティーも起業できなかったわけだし、オーガニックで健康的な食品をすべてのアメリカ人に広めていかなければならないと思っている。コカ・コーラの一部になったオネストティーは、オーガニック食品を民主化するチャンスを手に入れた。僕たちの「ティー・パーティー」はまだ始まったばかりだ。

オネストリー・ユアーズ

Seth + Barry

## セスとバリーの11か条

1
信じるものを立ち上げろ
それが偉大なブランドを
築くための第一歩だ

2
10%の改善を目指すな。
これまでより圧倒的に
優れたもの、根本的に
違うものを作れ

3
コピーされることを
覚悟せよ。
模倣されて生き残れない
ようなら始めるな

4
不運や失敗に備えて
金とエネルギーを
貯めておけ

5
売却するその日まで、
絶対に支配権を
手放すな

6
重要な点で妥協するな
それ以外は
妥協してもいい

7
超低予算で目標を
達成する方法を見つけよ
そしてその予算を
半分に削減すること

8
経営はマラソンだ
短距離走ではない

9
家族を大切にし、
自分の心と体の健康を保て
笑顔を忘れるようなら、
生活を立て直せ

10
永遠に所有するつもりで
企業とブランドを育てよ

11
ルールに
縛られすぎるな
法律を破らなければいい

# 謝辞

オネストティーを自分たちだけで築くことができなかったように、この本もまた多くの人の励まし、アイデア、批判そして訂正によって実現された。

まずは、オネストティーの実現に手を貸してくれた、この本の登場人物(キャラクター)全員に感謝する。その中にはメラニー・ニッツアーのように、今もブランド構築に励んでくれている人もいる。ジョージ・スカーフとアービン・「H」・ハーシュコウィッツは残念ながら他界してしまった。また、シェリル・ニューマン(オネストティーの企業使命担当者)、ケリー・カーダモア、リネット・テイラーの助けと支えにも礼を言いたい。

オネストティーの社員に加えて、私たちを信頼し投資してくれた株主に、この本を捧げたい。ジョン・マクベインは賢明な助言を与えてくれただけでなく、銀行が融資してくれなかったときに私たちに資金を貸出してくれた。そして小さい頃から私たちに投資し続けてくれた両親に、特別な感謝を捧げたい。

コミック本にすると決めたとき、全米グラフィック協会のリック・グレフ会長が、いま最も有望なアーティストたちを紹介してくれた。その時点では、自分たちがなにを求めているのかわからなかったが、サンギョン・チョイの作品を見たときすぐにこれだと思った。彼女が私たちと一緒にこの仕事をしてくれたことは、本当に幸運だった。彼女は才能豊かなだけでなく、忍耐強く、勘がよく、思慮深かった。

ボトルに貼るラベルの文言を87語に収めるのにもいつも苦労しているくらいなので、10年の歴史を吹き出しに収めるのは、本当に難しかった。幸運にも、私たちには熱心で率直で諦めることを知らないケイティー・ピチョッタという編集者がいた。彼女のいき渡った気配りは、なによりも価値があった。ケイティーは物語をコンパクトに、道を外さず、正直に保つことをだれよりも助けてくれた。イーサン・クパーバーグはこの本にユーモアを加え、会話を自然にしてくれたうえ、余ったオネストティーを全部飲んでくれた。アン・フェディマン、ジュディ・ハンセン、ティモシー・ヤング、ザック・グリンウォルド、そしてマルシア・ネイルバフは賢い助言を与えてくれた。会議室に座っているシーンをできるだけ削ってくれたイーサン、キャシー、そしてチョイの工夫に感謝したい。

ビジネス書がマンガでもいいと信じてくれた出版界のヒーローがいなければ、この本は実現しなかった。一番はじめから私たちを支えてくれたエージェントのスーザン・ギンズバーグ、普通とは違うこの本を大切に育ててくれた編集者のロジャー・スコールとクラウンパブリッシングのチームに心から礼を言いたい。

妻と子供たちは私たちのなによりの支えになっている。セスの妻、ジュリア・ファルカスはオネストティーの旅路を助手席で耐えてくれたが、冷や汗をかいていたはずだ。それに比べれば、この本の著作は多少安心できたかもしれないが、彼女の歯に衣着せぬアドバイスと揺るぎないサポートはなにものにも変えがたい助けになった。バリーの妻のヘレン・カウダーは、私たちの最初のデザイナーになったスローン・ウィルソンを紹介してくれ、オネストティーの試飲調査の秘密兵器として長い間貢献してくれた。子供たち――ジョナ、エリー、イサック、レイチェル、そしてゾーイ――はいつも私たちに励ましと癒やし、そしてインスピレーションを与えてくれた。

最後に、オネストティーの素晴らしいお客様へ――皆さんがいなければ、なにも起きなかったでしょうし、もちろんこの物語も存在しなかったでしょう。ありがとう！

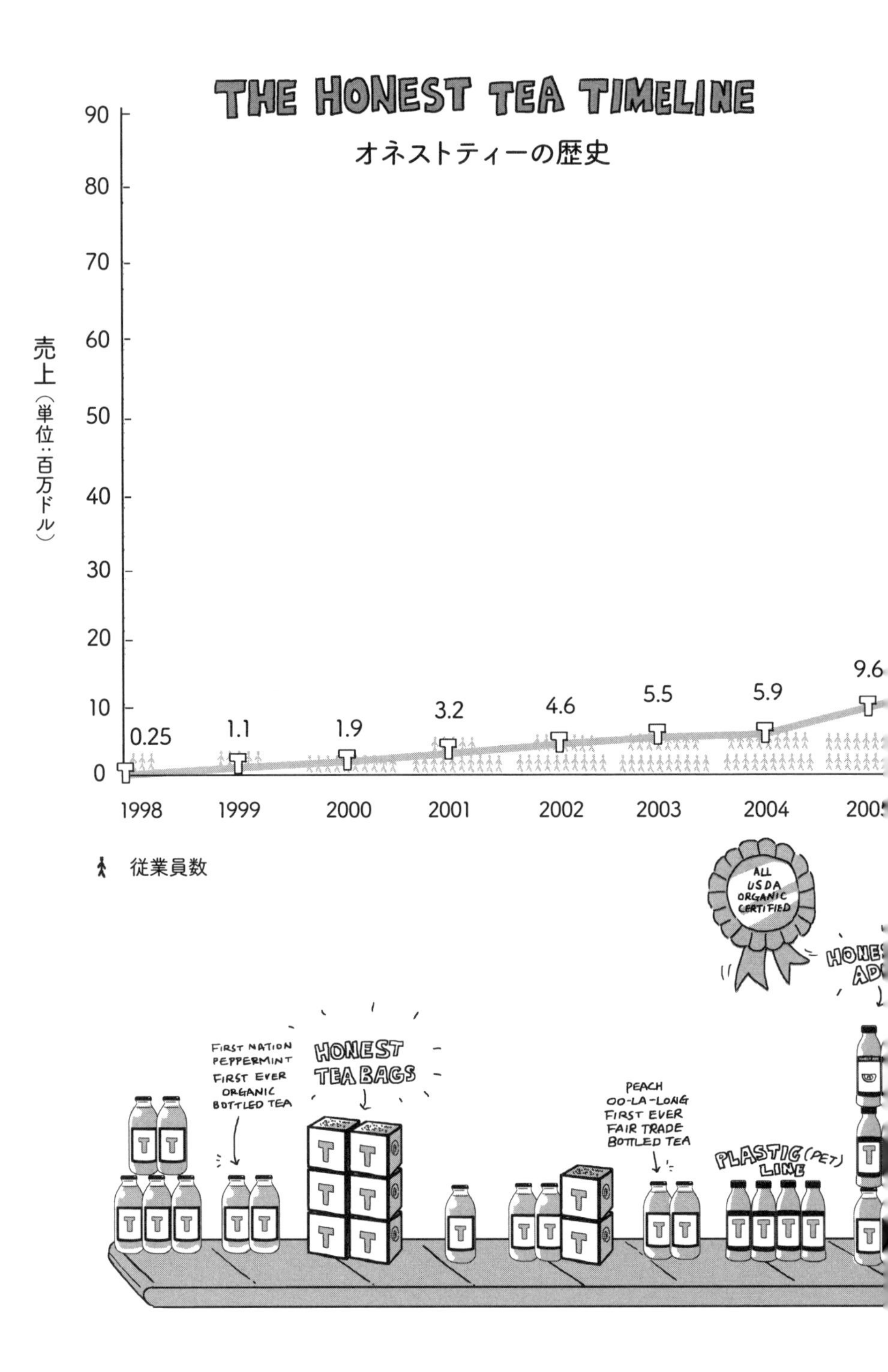
THE HONEST TEA TIMELINE
オネストティーの歴史
売上（単位：百万ドル）
90
80
70
60
50
40
30
20
10
0
0.25
1.1
1.9
3.2
4.6
5.5
5.9
9.6
1998
1999
2000
2001
2002
2003
2004
従業員数
ALL USDA ORGANIC CERTIFIED
FIRST NATION PEPPERMINT FIRST EVER ORGANIC BOTTLED TEA
HONEST TEA BAGS
PEACH OO-LA-LONG FIRST EVER FAIR TRADE BOTTLED TEA
PLASTIC (PET) LINE

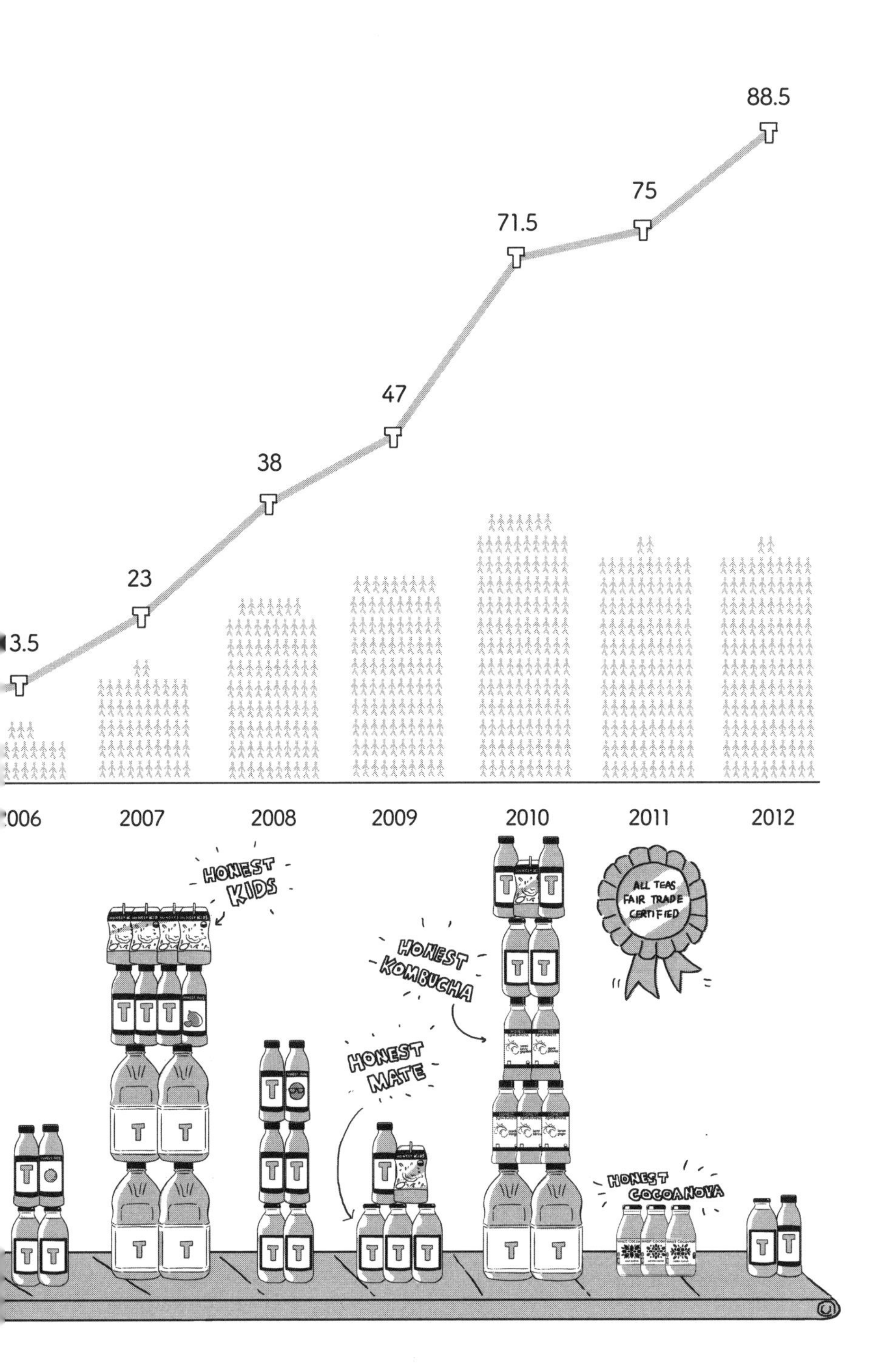

88.5
75
71.5
47
38
23
2007
2008
2009
2010
2011
2012
HONEST KIDS
HONEST KOMBUCHA
ALL TEAS FAIR TRADE CERTIFIED
HONEST MATE
HONEST COCOANOVA

# 訳者あとがき

勤勉で真面目で理想主義者のセス。少しいい加減で風変りな学者のバリー。
読み始めたらすぐに、私はこの絶妙なふたりに魅了されてしまった。

ハーバード卒の投資エリートとゲーム理論の大家がビジネスを始めた、と聞くといかにも完璧なコンビに思えるが……実際は(愛くるしいほど)隙だらけだ。ふたりに起業経験はなく、ましてや飲料業界ではド素人。
セスとバリーが成功できた要因はなんだろう?と考えたとき、昨年翻訳する機会に恵まれた『ゼロ・トゥ・ワン』(NHK出版)のなかでピーター・ティール(シリコンバレーでもっとも注目される起業家、投資家のひとり)が述べていた、「成功の鍵となる7つの質問」が頭に浮かんだ。

ひとつはエンジニアリング。オネストティーの場合は、茶葉からの煮出し製法という特殊な製造技術が当てはまるだろう。次にタイミング。セスとバリーはアメリカ人の健康志向というトレンドに乗ることができた。3つ目は独占。甘さ控えめのオーガニック紅茶飲料というニッチ市場をほぼ独占し、そこから紅茶以外の健康飲料に拡大していった。4つ目は人材。セスとバリーはお互いを補完しあい、企業使命を共有する仲間たちを引き入れていった。5つ目は販売。大手流通に食い込めなかった2人は、他業界の流通業者を使い、自然食品流通の分野でブランド力を築き、ついには大手業者にも取扱ってもらえるようになった。6つ目は永続性。健康飲料の市場はまだ拡大が続くと見込まれているし、オネストティーはその中でリーダーとしての地位を築いている。そして最後にティールが挙げるのは、「隠れた真実」だ。
他社が気づいていない、独自のビジネスチャンス。それが「隠れた真実」である。オネストティーにとっての「隠れた真実」は、「多くの消費者は甘くないボトル入り紅茶を欲しがっている」ということだった。いま振り返ってみると当たり前のことのように思える。砂糖たっぷりの紅茶飲料を販売している大手メーカーは甘さ控えめ飲料に本気で取り組めない。もしその市場が大きくなれば、自社のドル箱商品のライバルになる。もし市場が小さければ、わざわざ取り組む価値はない。
セスとバリーはまさに、この「隠れた真実」を見つけ、アイデアを実行に移し、10年以上の年月をかけて慎重にブランドを確立していった。世界一競争の激しいアメリカの飲料業界で、ゼロからイチを成し遂げたのだ。

本書は、翻訳ビジネス書では珍しいコミックという形式で、この山あり谷ありのふたりの珍道中を描いている。読者のみなさんが、私と同じにようにセスとバリーの危険な旅にドキドキし、そしてふたりの失敗からぜひ学んでほしいと願っている。

昨年ワシントンＤＣを訪れたとき、たまたまオネストティーを見つけたので飲んでみた。本当に甘くないんだな、これが。しかも本物の茶葉の澱がボトルの下に溜まっている。アメリカという市場の広さと深さに改めて驚き、このニッチを開拓したセスとバリーのふたりを心から尊敬したのだった。

吹き出しの翻訳は私にとって新しい挑戦になった。楽しい旅に付き合ってくださった英治出版の山下智也氏に感謝する。

2015年7月　関 美和

著者

**セス・ゴールドマン**　Seth Goldman

オネストティー共同創業者、TeaEO。ハーバード大学、イェール大学経営大学院卒業。1998年に恩師バリーとオネストティーを創業。業界初のオーガニック&フェアトレード飲料、製品廃棄物のアップサイクル推進など革新的な戦略を次々に打ち出し、また地域一体の環境プロジェクトを展開するなど、その経営手法は大きな注目を集めている。

**バリー・ネイルバフ**　Barry Nalebuff

オネストティー共同創業者。MIT卒業後、ローズ奨学生、ハーバード大学ジュニア・フェロー、オックスフォード大学(博士号取得)を経て、現在はイェール大学経営大学院ミルトン・スタインベック記念教授。ゲーム理論のエキスパートとして知られ、『戦略的思考とは何か』(CCCメディアハウス)、『戦略的思考をどう実践するか』(同)など著書多数。

イラストレーター

**サンギョン・チョイ**　Sungyoon Choi

ニューヨークの美術学校スクール・オブ・ビジュアル・アーツ出身。ニューヨーク・タイムズ、プレイボーイ、ニューヨーク・マガジンほか様々なメディアで活躍。

訳者

**関美和**　Miwa Seki

翻訳家。杏林大学准教授。慶應義塾大学文学部卒業。ハーバード・ビジネススクールでMBA取得。モルガン・スタンレー投資銀行を経てクレイ・フィンレイ投資顧問東京支店長を務める。主な翻訳書に、『アイデアの99%』(英治出版)、『ゼロ・トゥ・ワン』(NHK出版)、『ジョナサン・アイブ』(日経BP社)、『リソース・レボリューションの衝撃』(プレジデント社)、『メンバーの才能を開花させる技法』(海と月社)などがある。

英治出版からのお知らせ

本書に関するご意見・ご感想を E-mail（editor@eijipress.co.jp）で受け付けています。
また、英治出版ではメールマガジン、ブログ、ツイッターなどで新刊情報やイベント
情報を配信しております。ぜひ一度、アクセスしてみてください。

| | |
|---|---|
| メールマガジン | 会員登録はホームページにて |
| ブログ | www.eijipress.co.jp/blog/ |
| ツイッター ID | @eijipress |
| フェイスブック | www.facebook.com/eijipress |

# 夢はボトルの中に
## 「世界一正直な紅茶」のスタートアップ物語

| | |
|---|---|
| 発行日 | 2015 年 8 月 25 日　第 1 版　第 1 刷 |
| 著者 | セス・ゴールドマン、バリー・ネイルバフ |
| 訳者 | 関美和（せき・みわ） |
| 発行人 | 原田英治 |
| 発行 | 英治出版株式会社<br>〒150-0022 東京都渋谷区恵比寿南 1-9-12 ピトレスクビル 4F<br>電話　03-5773-0193　　FAX　03-5773-0194<br>http://www.eijipress.co.jp/ |
| プロデューサー | 山下智也 |
| スタッフ | 原田涼子　高野達成　岩田大志　藤竹賢一郎<br>鈴木美穂　下田理　田中三枝　山見玲加　安村侑希子<br>山本有子　茂木香琳　足立敬　上村悠也　秋山いつき<br>君島真由美　市川志穂 |
| 印刷・製本 | シナノ書籍印刷株式会社 |
| 校正 | 小林伸子 |
| 装丁・本文組版 | 大森裕二 |


ISBN978-4-86276-193-4　C0034　Printed in Japan